La vie sexuelle des poissons

Des mêmes auteurs

Pas si bêtes les poissons ! Scènes de leur vie intime, éditions Belin, 2006, 2017 (version poche).

Les poissons font-ils l'amour ? Et autres questions insolites sur les poissons, éditions Belin, 2009.

Également aux éditions Belin

Fabrice Teletchea, *De la pêche à l'aquaculture. Demain, quels poissons dans nos assiettes ?,* 2016.
– *Guide des poissons de France – Cours d'eau, lacs et étangs,* 2011.
– *Guide des poissons de France – Côtes de l'Atlantique et de la Manche,* 2009.

Guillaume Lecointre et Hervé Le Guyader, *La classification phylogénétique du vivant* – 4e édition, Tome 1, 2016.
– *La classification phylogénétique du vivant* – 4e édition, Tome 2, 2017.

Jacques Bruslé
et Jean-Pierre Quignard

La vie sexuelle des poissons

Petit dictionnaire de leurs comportements amoureux

Belin

170 bis, boulevard du Montparnasse, 75680 Paris cedex 14
ISBN 978-2-7011-8956-7

AVANT-PROPOS

Ce petit dictionnaire se propose de passer en revue les divers comportements sexuels des poissons, des plus anonymes et des plus communs aux plus complexes et aux plus sophistiqués. Ces comportements permettent aux partenaires sexuels qui forment des bancs, des groupes, des couples plus ou moins lâches, de se reconnaître, de se choisir, de coordonner leurs mouvements préparatoires à la ponte et à l'éjaculation. L'objectif est de synchroniser l'émission conjointe des ovocytes et des spermatozoïdes de façon à assurer les meilleures probabilités de réussite des fécondations, puis de survie des œufs et des larves. Ceux-ci, chez certaines espèces, font l'objet de soins attentifs de l'un ou de l'autre des deux parents. Les poissons sont, en effet, bien loin de n'être que de vulgaires « machines à procréer ». Plus que leur grande fécondité, symbolisée par la carpe commune – dont le nom grec *Kiprinos* désigne Aphrodite ou Vénus, la déesse de l'amour –, ce qui frappe, c'est la prodigieuse diversité de leur « répertoire amoureux ». Il est l'un des plus riches, si ce n'est le plus riche, du règne animal. Habiles courtisans, grands séducteurs, amants insatiables, surdoués du sexe, parents dévoués, les poissons sont tout cela à la fois…

Ces comportements peuvent être classés en cinq grandes catégories. La première, la plus « classique », concerne les amours entre **congénères de sexe opposé**. Elles reposent sur une attractivité entre les mâles et les femelles de la même espèce, mus par un irrépressible « désir de descendance ». S'assurer d'une filiation est le sens même de la vie. Parfois anonymes, chez les espèces qui frayent en groupes et même en masses, les comportements amoureux gagnent en complexité lorsque des relations privilégiées s'établissent entre les géniteurs des deux sexes ; ils mettent alors en jeu la taille, les couleurs, des parades nuptiales… Selon la théorie de la « sélection sexuelle », chère aux éthologues, les mâles investissent généralement moins d'énergie que les femelles dans la reproduction ; ils ont, en conséquence, un plus grand potentiel reproductif et sont capables d'accouplements multiples.

Une deuxième catégorie regroupe les comportements d'attraction entre des **individus d'espèces différentes**. Ils produisent des hybrides, féconds ou stériles. Le sperme d'une espèce peut parfois activer les ovocytes d'une autre espèce, mais sans que son matériel génétique participe au génome des embryons et de la descendance…

Une troisième catégorie de comportements sexuels, les amours entre **congénères de même sexe**, équivalents d'une homosexualité, ont généralement pour cause l'absence ou le déficit de l'un des sexes dans certaines populations. Les amours peuvent aussi être « **autosuffisants** » : l'absence de partenaire de sexe opposé est compensée par la pratique d'une autofécondation ou d'une parthénogenèse, c'est-à-dire d'une reproduction sexuée sans réelle fécondation, ne faisant intervenir que les seuls gamètes femelles.

Enfin, seront évoquées les amours **entre des parents et leur progéniture**, « amours parentales » qui conduisent l'un ou l'autre des membres du couple (et parfois les deux) à prodiguer des soins à leurs œufs, à leurs alevins ou à leurs juvéniles afin de favoriser leur survie. Cet investissement parental a d'importantes conséquences sur la survie des jeunes. Il conditionne la plus ou moins grande production d'œufs, généralement inversement proportionnelle à la probabilité de leurs pertes. Un tel équilibre quantitatif entre la production de descendants et leur destruction, essentiellement par des prédateurs, conditionne la dynamique de chaque population.

Comment les éthologues expliquent-ils cette extraordinaire « biodiversité amoureuse » ? Les poissons ont fait face, tout au long de leur évolution, à des « facteurs extrinsèques » multiples : des conditions environnementales très variées à la fois dans l'espace – les environnements naturels (mers, fleuves, rivières, torrents, lacs, lagunes, estuaires, mangroves…), les habitats aquatiques (eaux douces, eaux marines, eaux saumâtres…) – et dans le temps – la saison, le cycle lunaire, l'alternance jour-nuit, les variations des événements climatiques. Or les succès reproductifs sont fortement dépendants des conditions hydrologiques (température, salinité, acidité…), hydrodynamiques (courants, vagues, marées, crues…), lumineuses (aube, crépuscule, jour ou nuit), structurales (micro-habitats sédimentaires nus ou végétalisés, rocheux, de fonds sableux…), biologiques (compétition en fonction du nombre respectif de mâles et de femelles, risques de prédation…). À ces facteurs « extrinsèques » s'ajoutent des facteurs « intrinsèques » : les aptitudes natatoires et sensorielles (vision, olfaction, audition…), les modes de protection des œufs et des larves, les contextes sociaux (vie en bancs, en groupes, en couples, en harems…).

Chaque espèce, chaque population, chaque individu adapte donc son comportement reproductif inné, sous contrôle génétique, à des situations particulières et changeantes. La diversité de ces dernières a ainsi produit la remarquable « biodiversité amoureuse » que nous pouvons admirer chez ces vertébrés. De plus, des différences comportementales individuelles d'activité, de courage, de sociabilité, de combativité traduisent une certaine « personnalité » de chacun des individus. Elles révèlent une « inventivité comportementale » qui contribue à expliquer que ces organismes aient traversé avec succès les époques géologiques successives, depuis près de 400 millions d'années pour les plus « modernes » d'entre eux, les poissons osseux.

Nota bene

Dans tout le livre, les chiffres renvoient aux différents textes numérotés.

Les astérisques renvoient aux définitions données dans le glossaire en fin d'ouvrage.

1. AMOURS… ACROBATIQUES

Un maître dans l'art des galipettes…

Dans la forêt amazonienne, vit un poisson unique au monde, capable de déposer sa ponte hors de l'eau, sur des feuilles de plantes bordant les cours d'eau. C'est le **characin-arroseur** *(Copella arnoldi).* Les fortes pluies estivales, en provoquant une importante montée des eaux dans la plaine d'inondation fluviale, lui permettent d'accéder aux feuilles les plus proches. Le mâle effectue plusieurs sauts de « repérage » de 10 centimètres au-dessus de l'eau. Une fois son choix fixé sur une ou plusieurs feuilles, il y entraîne une femelle et effectue en sa compagnie plusieurs sauts « d'entraînement ».

Des couples qui savent « s'envoyer en l'air »

Tels des acrobates de cirque, les deux tourtereaux s'élancent enfin hors de l'élément aquatique, liés l'un à l'autre grâce à

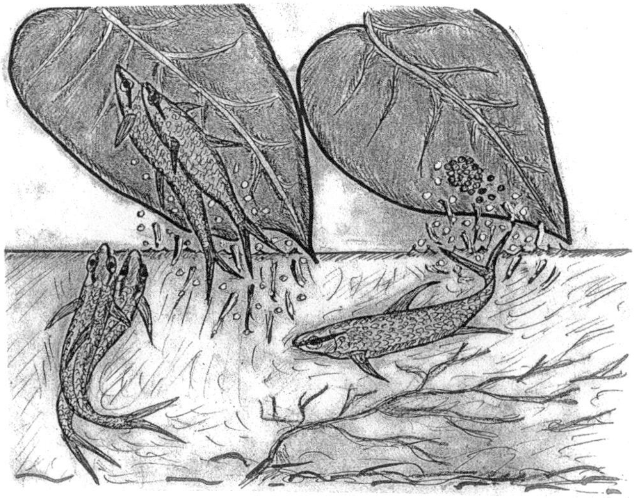

Les amours acrobatiques d'un couple de characins-arroseurs *(Copella arnoldi)* des eaux amazoniennes : étroitement enlacés, le mâle et la femelle s'élancent dans les airs pour se positionner quelques secondes sur la face inférieure d'une feuille émergée, le temps de déposer sur celle-ci leurs gamètes, après quoi le mâle assure l'humidification de la ponte en l'« arrosant » régulièrement par des battements de queue dans l'eau.

l'accrochage de leurs nageoires pectorales. Ils atterrissent ventre en haut sur la face inférieure de la feuille sélectionnée pour sa surface rugueuse. Ils s'y maintiennent quelques secondes, leurs nageoires ventrales faisant action de ventouses sur la feuille (Figure). La femelle colle rapidement à la surface de la feuille 5 à 12 ovocytes que le mâle féconde immédiatement. Après quoi le couple replonge dans l'élément liquide. Leurs sauts et leurs plongeons se renouvellent jusqu'à ce que 50 à 200 œufs soient ainsi déposés…

La ponte achevée, le mâle devient agressif. Il chasse sa compagne et prend en charge, seul, la responsabilité d'humidifier la ponte. Pour cela, il fait gicler des gouttes d'eau en battant l'eau de sa queue. Capable de mémoriser la position des différentes feuilles porteuses des pontes, de calculer l'angle d'arrosage prenant en compte les déformations optiques liées à l'existence d'une interface eau-air, il sait aussi le corriger en cas de mouvements du feuillage induits par le vent. Un as de la balistique ! Cet arrosage se doit d'être rapide et furtif afin d'éviter d'éveiller l'attention des prédateurs. La manœuvre se répète, de jour, pendant les 36 à 72 heures que dure l'incubation des œufs. Après quoi les alevins nouvellement éclos se laissent entraîner par les gouttes d'eau et rejoignent le milieu aquatique. C'est alors qu'il pleut des larves de poissons dans les eaux amazoniennes !

L'avantage apparent de ce comportement aérien est d'éviter les prédateurs aquatiques et la concurrence avec les espèces à ponte aquatique traditionnelle. Un avantage tout relatif : de multiples prédateurs aériens (mollusques, insectes, grenouilles…) peuvent aussi se régaler de leurs pontes. Pourquoi faire simple quand on peut faire compliqué ?

2. AMOURS...

ALTERNATIFS

S'accoupler par la force ou par la ruse ?

La conquête d'un partenaire sexuel est souvent rendue difficile par la présence de congénères de même sexe qui sollicitent eux aussi des accouplements. Y aurait-il alors, sur les frayères, « beaucoup d'appelés et peu d'élus » ? Comment parvenir « à ses fins » face à une telle compétition intra-sexuelle ?

Chez la majorité des espèces, ce sont les mâles qui sont soumis à ce dilemme car le sexe-ratio* des populations est souvent déséquilibré en leur faveur. Pour y faire face, l'une des stratégies les plus rentables consiste à investir toute son énergie dans l'attraction des femelles : exhiber une ornementation séduisante (69), adopter des couleurs nuptiales (13), produire des signaux chimiques (63), acoustiques (77) ou électriques (26), effectuer une cour assidue (21) ou bien encore se montrer agressif vis-à-vis des concurrents (41), voilà qui permet de « se signaler » auprès de ses partenaires potentielles et d'entraîner « leur adhésion » au « projet matrimonial ».

Vol de fécondations

Certains mâles, réduits à occuper un statut social inférieur de « subordonnés » et incapables de s'imposer par leur prestance et par leur force, compensent cette faiblesse en cherchant à obtenir des accouplements par la ruse. Ces petits mâles adoptent une livrée proche de celle des femelles. Ainsi dissimulés, ils se rapprochent de celles-ci et « parasitent » les fécondations des mâles dominants en éjaculant en même temps qu'eux (et parfois même avant eux) : ce sont des kleptogames*, adeptes du « vol de fécondations ». Grâce à une production élevée de sperme, ils peuvent gagner la « compétition spermatique » d'autant que leurs spermatozoïdes nagent plus rapidement que ceux de leurs concurrents grâce à un plus long flagelle, ou parce que leur sperme est moins visqueux, comme chez le **gobie noir** *(Gobius niger)*. Ces mâles « chapardeurs », « pirates » et « cocufieurs », ou encore *sneakers* (de l'anglais *to sneak* = chaparder) font ainsi d'importantes économies : pas besoin de grandir rapidement, de dépenser de l'énergie afin d'attirer les femelles de défendre un territoire et de protéger des pontes.

La flexibilité des comportements d'accouplement peut être telle que certains mâles se comportent, selon les circonstances et le « contexte social », alternativement en dominants, propriétaires et gardiens de territoires de ponte, et en *sneakers*. Le « cocufiage » se pratique beaucoup chez les poissons (11). La force ou la ruse ? Non, la force et la ruse…

L'art d'éjaculer plus vite que son ombre...

Les mâles du **guppy** *(Pœcilia reticulata)* pratiquent, outre des copulations « sollicitées » avec des femelles « consentantes » et même « coopératives », des copulations « coercitives » avec celles qui se refusent à eux (12). Les salmonidés sont d'autres adeptes de ces comportementaux alternatifs. Très nombreux sur les frayères – plus de 7 500 individus par hectare en Alaska durant la période de reproduction – les mâles dominants du **saumon rouge du Pacifique** *(Oncorhynchus nerka)* sont de grande taille après avoir passé deux à trois ans en mer. Ils sont désignés sous le nom de *hooknose* ou « bécards » en raison de la courbure de leur maxillaire inférieur. Les jeunes mâles (dénommés *jacks*), qui ont séjourné seulement une année en mer, se dissimulent dans des zones sombres des frayères pour s'approcher des femelles. Face aux dominants dont les attaques peuvent être douloureuses et même mortelles, ils tentent de féconder « furtivement » leurs ovocytes par des éjaculations rapides, avant de s'enfuir au plus vite. Les femelles préfèrent cependant les grands mâles et se montrent agressives à leur égard, de sorte que ces pirates ont bien du mal à parvenir à leurs fins...

Chez les mâles des **saumons atlantiques** *(Salmo salar)*, la taille corporelle des individus varie de 1 à 10, avec des différences de *timing* de la maturation sexuelle traduisant des prédispositions héréditaires : précoce chez les saumoneaux *(parrs)*, petits et sédentaires, elle est tardive chez les migrateurs de grande taille qui ne mûrissent leurs produits sexuels que lors de leur retour de migration océanique. La participation de ces *parrs* à la reproduction est importante pour la viabilité des petites populations isolées de faible effectif où les grands mâles adultes sont devenus rares, voire absents, comme à Terre-Neuve.

De la difficulté de réussir en amour

Chez l'**épinoche commune** *(Gasterosteus aculeatus)*, la quantité de sperme éjaculé varie selon le nombre de mâles rivaux. En cas de forte compétition, les mâles dominants réduisent leur cour et procèdent à des éjaculations précoces dans le nid alors que la femelle n'est pas encore en position de ponte. Leurs gamètes sont féconds durant 15 à 20 minutes, à la différence des spermatozoïdes de la plupart des autres poissons qui survivent quelques minutes. De ce fait, un même nid peut contenir des œufs fécondés par 16 mâles différents !

Ménage à trois chez la perche-soleil américaine ***(Lepomis macrochirus)*** : un grand mâle dominant territorial (à gauche) accompagné d'une femelle (au centre) et d'un petit mâle « chapardeur », « faiseur de cocus » (à droite), qui mime la couleur de la livrée de la femelle pour mieux tromper le grand mâle et lui « voler des fécondations ».

Le problème se complique pour certains mâles territoriaux du fait de la présence de deux autres catégories de mâles, comme chez la **perche-soleil américaine** *(Lepomis macrochirus)*. Les dominants, âgés de 7 ans et plus, courtisent les femelles, construisent des nids et assurent des soins parentaux. Ils coexistent avec des petits *sneakers* âgés de 2-3 ans et avec une troisième catégorie de mâles : les mâles « satellites ». Ces derniers, âgés de 4 à 5 ans, sont plus grands que les précédents et possèdent des taux d'hormone œstrogène (17β-œstradiol) plus élevés que ceux des mâles parentaux, comme s'ils étaient féminisés. Une telle concentration diminue au fur et à mesure de leurs expériences d'accouplement : ils se virilisent en vieillissant. Ces comportements d'accouplement évoluent donc en fonction de l'âge et de l'expérience de ces mâles (31). En outre, ces derniers « miment » l'apparence et le comportement des femelles (mimicrie*), ce qui « dupe » les mâles dominants et leur permet d'accéder aux nids (Figure page précédente). Avec les *sneakers*, ils jouent, lors de « raids-éclairs » dans les nids, le rôle de « faiseurs de cocus »...

Les mâles de perche-soleil ont ainsi un « double visage » : courtisans aux mœurs policées, tout à fait fréquentables à certains moments, ou bien harceleurs et violeurs qu'il convient de fuir à d'autres périodes. Les femelles sont-elles suffisamment bien informées pour savoir reconnaître, dans chaque mâle qu'elles rencontrent, le Dr Jekyll ou le Mr Hyde ?

Des femelles parfois duelles

Plus rare que chez les mâles, la dualité comportementale existe aussi chez les femelles. Si celles-ci manifestent généralement une préférence sexuelle pour les grands mâles dominants qui les courtisent (71), les petites femelles acceptent, dans certains cas, de s'accoupler avec des petits *sneakers*. C'est le cas du **porte-épée rayé** *(Xiphophorus multilineatus)* chez lequel les mâles-courtisans sont plus nombreux dans les populations de grandes femelles, tandis que les *sneakers* sont majoritaires dans les populations de petites femelles.

Bien que les grands mâles de toutes les espèces soient avantagés pour s'accoupler par rapport aux *sneakers* et soient, en général, à l'origine d'un plus grand nombre de descendants, les petits mâles ne disparaissent pas pour autant. Les deux catégories coexistent généralement dans toutes les populations, ce qui démontre que chacun a sa chance et peut trouver son compte en amour. L'avantage est collectif: cette coexistence favorise une plus grande diversité génétique.

3. AMOURS…

ALTRUISTES

Un don du sperme altruiste
mais suivi d'une récompense…

La sélection sexuelle entre individus du même sexe constitue l'un des moteurs des processus de l'évolution. Chaque géniteur cherche à transmettre ses propres gènes dans le plus grand nombre possible d'œufs afin que ceux-ci s'expriment largement dans sa descendance. Cette compétition au sein du sexe mâle se traduit par une compétition spermatique (15) : plus un mâle produit de spermatozoïdes (plusieurs millions par mm^3 de sperme), plus ses chances de féconder un grand nombre d'ovocytes sont grandes. Du chacun pour soi, en somme…

Nés de père inconnu

Il est donc surprenant de constater l'existence de cas de « dons de sperme ». Chez le **carassin-gibèle** *(Carassius gibelio)*, certaines populations sont constituées uniquement de femelles. Leurs ovocytes ont besoin, pour se développer, d'une « activation » par les spermatozoïdes d'une espèce différente mais génétiquement proche, un autre cyprinidé tel que la **carpe** ou la **tanche**. Lorsqu'un spermatozoïde a pénétré dans l'ovocyte, il ne se produit pas de véritable fécondation et son patrimoine génétique n'est pas retenu dans les ovocytes : seul s'exprime le génome maternel. C'est pourquoi les œufs donnent naissance à des descendances 100 % femelles, des clones* maternels.

Cette forme de reproduction sexuée sans fécondation est qualifiée de parthénogenèse* ou plus précisément de gynogenèse* pour signifier une production unique de femelles par des femelles.

Un cadeau avantageux

Le don de sperme ne profite pas seulement à la femelle de carassin car le mâle de carpe ou de tanche tire aussi profit de ses fredaines : les femelles de sa propre espèce considèrent apparemment, en effet, qu'ayant été « choisi » par une étrangère, il est un « bon mâle », et elles s'arrachent ses faveurs (67). Un tel don n'est donc pas un « simple cadeau », sans espoir de retour et sans intérêt pour le donneur.

Un même type d'avantage est obtenu par un pœciliidé, le **molly américain** *(Pœcilia formosa)* : ses femelles ont besoin d'une « activation » de leurs ovocytes par le sperme de mâles d'espèces proches telles que *Pœcilia latipinna* ou *Pœcilia mexicana* (2) qui vivent dans le même territoire (sympatrie*).

Il peut paraître surprenant de constater que certains mâles pratiquent un tel « don de sperme » sans aucune transmission à leur descendance de leur patrimoine génétique, ce qui va à l'encontre du résultat habituel des accouplements. Un tel don est, en fait, totalement inconscient, ces « mâles-objets » étant, finalement, « manipulés » par les femelles. Leur générosité apparente repose en fait sur une duperie...

4. AMOURS…
ANONYMES

Le hasard et la nécessité

Les **sardines**, les **anchois** et bien d'autres poissons pélagiques comme les **maquereaux**, les **thons**, les **barracudas**… vivent en bandes, en groupes ou en bancs constitués de centaines, de milliers, voire de millions d'individus. Nageant en pleine eau au sein des masses océaniques, ils connaissent des amours tout à fait « dépersonnalisées ». À la saison la plus favorable au développement de leurs œufs et de leurs larves, les géniteurs mûrs des deux sexes se rejoignent en masse sur les sites de ponte. Ces frayères océaniques, spécifiques en latitude et en profondeur, se constituent par le jeu des stimuli environnementaux (température, salinité, lumière) que tous les congénères perçoivent de façon commune.

Cependant, mêlés les uns aux autres et ne disposant d'aucune possibilité de rencontre amoureuse individuelle, mâles et femelles se contentent d'émettre, tous en même temps, leurs produits génitaux. Ce sont les femelles qui « mènent le bal » en libérant leurs ovocytes (parfois désignés aussi, à tort, d'« œufs ») associés à des extraits hormonaux contenus dans le liquide ovarien et nommés phéromones* sexuelles, à l'exemple des prostaglandines*. Ces hormones sont perçues par les mâles par voie olfactive (65). Elles stimulent l'éjaculation immédiate de leur sperme. Les mouvements désordonnés de nage des uns et des autres assurent un brassage de l'eau favorable à la rencontre des gamètes. Le hasard des contacts entre les spermatozoïdes et les ovocytes décidera alors du succès des fécondations...

Le triomphe du collectivisme

Sachant que les spermatozoïdes, dans l'eau de mer, ne survivent qu'une minute environ et que les ovocytes ne possèdent qu'un seul point d'entrée très étroit (appelé micropyle), c'est le gamète mâle le plus rapide (ou le plus chanceux) qui gagne cette course spermatique. Réduit à un rôle quelque peu « robotisé » de producteur et de distributeur de sperme, chaque mâle s'en remet à la vitesse de nage de ses spermatozoïdes (quelques dizaines de micromètres* par seconde), laquelle dépend de la longueur de leur flagelle locomoteur et de leur richesse en « carburant énergétique », l'ATP* (adénosine triphosphate).

Ainsi, chaque mâle n'a aucune chance d'identifier l'« âme sœur » avec laquelle il ne partage, au mieux, qu'un frôlement furtif dénué de tout érotisme, au milieu des nuages de sperme et d'ovocytes émis par tous ses congénères... Ignorant tout de leur participation individuelle, à la fois paternelle et maternelle, à la réalisation de leurs descendances, et d'ailleurs peu soucieux de l'avenir de celles-ci, les géniteurs des deux sexes repartent rapidement vers d'autres aventures (en général alimentaires...). Ils abandonnent leurs œufs au gré des courants marins, à la voracité des prédateurs oophages, les méduses et les poissons planctonophages tel le **requin-baleine** *(Rhincodon typus)*. Seuls quelques œufs survivront et seront capables d'assurer le renouvellement des générations successives de sardines, d'anchois, de maquereaux, de thons, de barracudas… Un tel mode de reproduction sur une même frayère en milieu océanique, caractérisé par l'absence relative de « barrières de dispersion », se révèle favorable à une certaine homogénéité génétique de certaines populations pélagiques et même à une certaine panmixie*. Un hasard qui fait bien les choses…

Tous ces poissons ont donc sacrifié, comme l'ont toujours fait leurs ancêtres, tout espoir d'une vie amoureuse personnelle au profit d'un système collectif de reproduction anonyme.

5. AMOURS...

AUTONOMES

La bisexualité, un régime parfois trop compliqué

Chercher un partenaire pour s'accoupler est parfois source de problèmes. En effet, une telle quête induit une dépense d'énergie et accroît les risques de se faire attaquer par des prédateurs. Certains poissons ont résolu ces difficultés en devenant capables de produire, en même temps, des gamètes des deux sexes et de réaliser des autofécondations viables, illustrant parfaitement en cela l'adage selon lequel *« On n'est jamais si bien servi que par soi-même »*.

Ainsi, chez le **killy des mangroves** *(Kryptolebias marmoratus)*, les femelles n'existent tout simplement pas... et les individus sont presque tous des hermaphrodites*, à la fois mâles et femelles. Quelle tranquillité ! Pas de risque de scènes de ménage et autres conflits intersexuels (16).

Mâles primaires et secondaires

Par ailleurs, existent, parmi les nombreux hermaphrodites, des mâles qui constituent de 0 à 5 % des populations et même jusqu'à 25 % au Bélize. La proportion de ces mâles dépend de la température de l'eau. On a montré expérimentalement que des « mâles primaires » se développent à partir d'embryons soumis à une température de 18 à 20 °C, tandis que les hermaphrodites de 3-4 ans se transforment en « mâles secondaires » à la suite de la dégénérescence de leurs ovaires, lorsqu'ils sont élevés pendant 30 jours à 28 °C. Les conditions environnementales déterminent l'expression de plusieurs gènes dont certains codent une enzyme, l'aromatase, qui favorise, chez tous les vertébrés, la conversion des stéroïdes sexuels mâles (dont la testostérone) en stéroïdes femelles (les œstrogènes), ces stéroïdes étant responsables du développement ou de l'inhibition des ovaires. Le taux de l'enzyme aromatase est élevé dans le cerveau des hermaphrodites alors que cette enzyme est absente dans celui des mâles. Une preuve de plus que l'amour se passe aussi « dans la tête »…

Sortir de la dépression… génétique

Il en résulte, pour le **killy**, la pratique possible d'une double stratégie de reproduction : l'autofécondation ou la fécondation croisée. L'autofécondation est assurée par une gonade mixte, l'ovotestis, productrice, en même temps, d'ovocytes et de spermatozoïdes mûrs. Elle est l'assurance d'une reproduction dans des environnements difficiles de populations peu nombreuses. Cependant, elle génère une descendance dont tous les individus sont génétiquement très proches les uns des autres (ils sont

« consanguins »), ce qui constitue un risque pour la perpétuation de l'espèce.

La fécondation croisée entre les spermatozoïdes d'un mâle de **killy** et les ovocytes d'un hermaphrodite offre l'avantage d'éviter une telle « dépression génétique » de la population. Elle induit des « brassages » de gènes qui augmentent la diversité génétique de la population en créant une plus grande variabilité de chaque gène (hétérozygotie*) (17). Les fortes interactions sociales entre individus concentrés (jusqu'à 26 individus dans un même terrier humide creusé par des crabes terrestres) facilitent les fécondations croisées. Mais la cohabitation entre les mâles et les hermaphrodites donne lieu à une compétition entre les mâles rivaux, les plus grands et les dominants parvenant à « accaparer » certains partenaires hermaphrodites. Le choix d'accouplement repose alors sur une nette préférence pour les individus génétiquement les plus dissemblables d'eux, repérés à partir de signaux olfactifs (65).

6. AMOURS… AVEUGLES

Amour aveugle, aveugles amoureux

En règle générale, les partenaires sexuels vivant dans des milieux lumineux se reconnaissent et se choisissent dans le cadre d'une « sélection sexuelle » (69). Ils utilisent des signaux le plus souvent visuels, nommés caractères sexuels secondaires, qui portent sur leur taille, leurs couleurs (dites nuptiales) et diverses ornementations (corporelles, des nageoires, d'appendices céphaliques…). Ces signaux sont visibles dans les environnements ouverts des zones émergées ou dans les franges des espaces aquatiques où pénètre la lumière du Soleil. Dans l'obscurité totale des profondeurs marines, les signaux sont bioluminescents*, produits par des espèces abyssales comme les poissons-lanternes et les poissons-pêcheurs (30). En revanche, chez les populations cavernicoles (troglodytes ou troglobiontes) qui ont colonisé des habitats souterrains obscurs, la perception des signaux visuels est impossible, car il n'existe pas d'organes bioluminescents.

Difficile, l'amour dans le noir ?

En réponse à ces contraintes environnementales, des espèces cavernicoles ont simplifié leurs comportements. Ainsi, chez le **molly mexicain** *(Pœcilia mexicana)*, le choix des femelles pour des grands mâles repose sur des observations visuelles dans les eaux de surface. Dans des habitats souterrains obscurs, les femelles se contentent du premier mâle venu... D'autres poissons cavernicoles, plus exigeants, ont trouvé « des solutions de rechange ». Chez le **tétra** ou **astyanax à bandes** *(Astyanax fasciatus mexicanus ou A. mexicanus)* des grottes souterraines du Mexique, les femelles vivent dans une obscurité complète et sont aveugles. Elles manifestent pourtant leurs préférences pour les mâles de grande taille, exactement comme leurs congénères des milieux de surface (69). Comment font-elles ? On a découvert qu'elles captent des signaux olfactifs et gustatifs (65). De plus, des cellules sensorielles, les neuromastes* de leur ligne latérale (un canal sensoriel qui longe leurs flancs), leur fournissent une « image hydrodynamique » de leur environnement et de leurs partenaires sexuels potentiels. La taille des mâles est ainsi « codée » par le déplacement d'eau induit par leur nage, proportionnel à leur taille et à leur vigueur musculaire.

7. AMOURS...
BRISÉS

Quand l'amour est fissionnel

Après la formation d'un couple, il n'est pas rare que l'un de ses membres soit temporairement infidèle ou même qu'il abandonne définitivement sa moitié pour convoler avec un nouveau partenaire. Le mythe darwinien du couple monogame*, attaché pour la vie ou au moins pour une saison de reproduction, est souvent mis à mal (24).

Un divorce justifié par la quête du mâle idéal...

Une femelle a généralement deux « bonnes raisons » d'abandonner son partenaire, toutes deux au profit d'une amélioration de son succès reproductif : l'option pour un « meilleur mâle » et/ou celle pour un « meilleur habitat ». Souvent femelle varie... Le **cichlidé zébré** *(Archocentrus nigrofasciatus)* a souvent été cité comme un modèle de couple monogame*.

Pourtant, ses couples se séparent souvent et chaque partenaire en reconstitue de nouveaux. La décision du « divorce » est généralement prise par la femelle qui observe, dans son voisinage, le comportement des mâles. Elle semble particulièrement sensible à leur taille : toute femelle mise en présence d'un mâle d'une taille de 20-25 % supérieure à celle de son partenaire du moment quitte immédiatement celui-ci (69) ! La taille des mâles est en lien avec leur « potentiel de virilité », qui s'exprime lors de combats qu'ils se livrent (41). Une telle stratégie maximalise le succès reproductif du nouveau couple. La formation de celui-ci étant coûteuse en énergie du fait du temps de recherche, et souvent périlleuse à cause des prédateurs, le « surcoût » du divorce ne peut être justifié que par un bénéfice qui varie en fonction de l'offre sur le « marché » des partenaires accessibles. Le monde est impitoyable pour les petits, les laids et les faibles...

... ou par le sens de la propriété

Il arrive également – c'est la deuxième option – que le choix de la femelle ne soit pas dicté par la recherche impérieuse du meilleur des mâles, mais bien plutôt par la qualité du territoire qu'il offre, dans lequel elle sera « invitée » à y héberger leurs amours et leur descendance...

Chez le **gobie du lac Tanganyika** *(Eretmodus cyanostictus)*, la recherche d'un habitat de qualité est telle qu'il arrive que certains individus, propriétaires d'un territoire, soient expulsés par des rivaux, pour peu qu'ils soient de petite taille, et donc contraints à un divorce forcé. De fréquents remplacements de « petits propriétaires » de territoires par des congénères plus grands génèrent une tendance à des assortiments par taille au sein des couples. Les mâles sont contraints d'être non seulement grands et forts, mais surtout « riches » !

De leur côté, les mâles de nombreuses espèces ne sont pas avares de séparation brutale d'avec leur compagne et de désertion du « lit conjugal », poussés par un irrésistible besoin « d'aller voir ailleurs » et par leur irrépressible « soif de nouvelles aventures ».

Un veuvage temporaire

La vie en couples de poissons peut aussi être interrompue par des événements extérieurs responsables d'une mortalité accidentelle de l'un de ses membres. Le mâle ou la femelle ainsi isolé s'empresse généralement de trouver un nouveau partenaire et « se console » plus ou moins rapidement en fondant une nouvelle famille, mû par le souci permanent de satisfaire les besoins génésiques de sa population.

Oublier ses amours passés…

Chez le **cichlidé zébré**, bien qu'un fort attachement social maintienne le couple monogame*, un nouveau couple se reconstitue dès que l'un de ses membres vient à disparaître. Cependant, les « veuves » font preuve d'un certain « savoir-vivre » : elles réclament de leur nouveau partenaire qu'il les courtise pendant une assez longue durée avant de s'accoupler avec lui. Paradoxalement, elles manifestent auparavant, vis-à-vis du nouveau mâle, une forte agressivité qui témoignerait du fait qu'elles ne le reconnaissent pas immédiatement comme un bon partenaire. Inversement, un mâle veuf, à qui est proposée une nouvelle femelle, tend à retarder son comportement de cour comme s'il maintenait « un certain attachement » à sa défunte compagne. Un tel délai demeure cependant relativement bref… Il est, en effet, essentiel, pour lui comme pour elle, de reconstituer, dans les meilleurs délais, un couple « opérationnel » !

Inlassable Cupidon…

Chez le **gobie du lac Tanganyika**, le couple formé est durable à long terme, la moyenne de vie commune étant de 226 jours. La femelle a besoin d'un partenaire à ses côtés durant toute la saison de reproduction, près d'une année. Des suppressions expérimentales de l'un des conjoints puis l'offre, au veuf ou à la veuve, de nouveaux partenaires, montrent l'importance d'être rapidement apparié. Elle est telle qu'elle réduit le choix actif d'un nouveau compagnon ou d'une nouvelle compagne. En effet, le risque le plus grand, pour tout individu de cette espèce, lorsqu'il se retrouve seul, est la perte de son territoire compte tenu de la forte compétition pour l'espace qui se manifeste dans des habitats rocheux des bords du lac. La perte d'un partenaire est un événement tout à fait critique car la défense d'un territoire est difficile pour un poisson solitaire. Tout mâle veuf tend généralement à accepter la première partenaire rencontrée. Cupidon décoche de nouvelles flèches mais n'est pas très regardant sur ses cibles. Seulement moins de 15 % des gobies veufs n'ont pas reconstitué un couple 5 jours après avoir perdu leur conjointe. Il s'agit, chez cette espèce, d'une « monogamie opportuniste », à une nuance près : la nouvelle partenaire doit être grande ! C'est ce qui s'appelle des amours pragmatiques…

8. AMOURS… CAMOUFLÉS

L'art du subterfuge…

Une « tenue de camouflage » est un équipement nécessaire pour certains mâles de poissons menacés par des mâles rivaux qui peuvent se révéler violents et dangereux. Le mieux, pour échapper à leurs agressions, est alors de ressembler à… une femelle.

Ainsi, les mâles du **poisson amarillo** *(Girardinichthys multiradiatus)* qui ont perdu des combats face à leurs congénères dominants sont réduits à un statut de « subordonnés ». Ils éprouvent, en conséquence, des difficultés à s'accoupler. La solution ? Arborer une « tache de gravidité » sous la forme d'un « *spot* » noir ventral disposé à proximité de l'anus, tout à fait identique à celui que présentent les femelles à maturité ovarienne. Ils peuvent alors accéder sans difficulté aux femelles et obtenir des succès reproductifs… Le « travestissement » (ou mimicrie*) est habile.

Les mâles de diverses autres espèces sont également capables de duper, non pas leurs adversaires rivaux comme le pratique ici ce goodéidé, mais aussi et surtout leurs partenaires sexuels (73). La « supercherie » n'est pas propre à l'espèce humaine…

9. AMOURS…
CANNIBALES

Des amours qui ouvrent l'appétit…

Les comportements de reproduction sont généralement coûteux en énergie, en particulier pour les femelles qui produisent de nombreux ovocytes riches en vitellus* contenant des protéines, des lipides, des sels minéraux, des vitamines… Le « budget énergétique » des femelles s'accroît donc considérablement au cours de la période de vitellogenèse préparatoire à la ponte. Il justifie que de telles dépenses soient rapidement couvertes par des gains provenant d'une riche alimentation.

Il arrive cependant que les ressources trophiques disponibles en période de « pré-ponte » soient insuffisantes. Les femelles changent alors de régime alimentaire. Ainsi, dans les lagunes du delta du Pô, les femelles du **gobie italien** *(Knipowitschia panizzae)* sont confrontées, durant l'été, à une raréfaction des proies vivant sur le fond par suite du déséquilibre physico-chimique ou dystrophie* des eaux lagunaires. Alors qu'elles ne sont pas habituellement piscivores, elles deviennent, dans les jours qui précèdent leur ponte, très agressives vis-à-vis de leurs congénères et se comportent en cannibales. Ces femelles semblent pressées de « rééquilibrer leur budget trophique ». À la différence des mantes religieuses, elles n'attendent pas « d'avoir consommé » leur acte sexuel… Ce qui n'interdit d'ailleurs pas à d'autres géniteurs d'espèces variées, de continuer à pratiquer un « cannibalisme filial ». La faim justifie les moyens…

10. AMOURS…
CHANGEANTS

Changer de sexe : jeu personnel ou exigence sociétale ?

Chez l'immense majorité des poissons, comme dans l'ensemble du règne animal, les sexes sont séparés : les individus ne produisent qu'un seul type de gamètes (gonochorisme*) et la reproduction fait appel à deux catégories de géniteurs : des mâles et à des femelles (reproduction hétérosexuelle). Cependant, des cas d'hermaphrodisme*, où les individus sont à la fois ou successivement mâles et femelles, se rencontrent dans 27 familles de poissons osseux (téléostéens), en particulier chez des perciformes marins et tropicaux vivant sur des récifs coralliens (mérous, labres, poissons-perroquets, poissons-clowns…) Ces « curiosités zoologiques » constituent, en fait, une preuve de l'énorme plasticité sexuelle des poissons.

L'hermaphrodisme peut être synchrone, à l'exemple des serrans méditerranéens du genre *Serranus*, tels que le **serran-écriture** *(Serranus scriba)*, qui possèdent une gonade mixte, ou

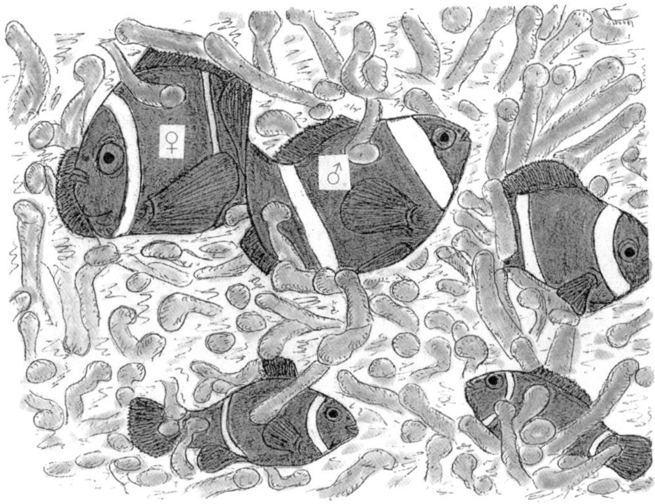

Les multiples participants au «groupe social» de poissons-clowns *(Amphiprion ocellaris)* installés dans la couronne de tentacules d'une anémone de mer : outre le couple de reproducteurs (femelle dominante et mâle «sous influence» – en haut à gauche), trois plus petits individus subordonnés, temporairement stériles, se tiennent «en réserve» en cas de disparition de l'un ou de l'autre des deux reproducteurs.

ovotestis, qui produit, à la fois et en même temps, des ovocytes et des spermatozoïdes, les fécondations pouvant être autonomes ou croisées (2).

L'hermaphrodisme peut être aussi successif ou séquentiel : les individus sont successivement, au cours de leur vie, mâle puis femelle (protandrie) ou bien femelle puis mâle (protérogynie ou protogynie). De tels changements de sexe ont pour résultat d'accroître le potentiel reproductif de la population : chez les espèces protandres telles que la **daurade royale** *(Sparus aurata)* et les **poissons-clowns** (genre *Amphiprion)*, les femelles «secondaires» sont de grande taille et plus fécondes. Chez les espèces protérogynes (protogynes) tels les **labres** des genres *Labrus, Coris...*, et les **mérous** du genre *Epinephelus*, les grands mâles « secondaires » contrôlent les territoires de reproduction et fécondent de nombreuses femelles.

Loin de traduire une simple « fantaisie sexuelle » individuelle en vue de connaître des « ivresses sexuelles » nouvelles, les changements de sexe répondent à des « exigences sociales », à un besoin social de la population auquel les poissons des deux sexes doivent se soumettre. Selon les espèces, les individus changent de sexe une seule fois dans leur vie ou bien changent de sexe plusieurs fois et dans les deux directions.

Devenir une femelle : une forme de promotion sociale pour un mâle…

Chez les **poissons-clowns**, la différenciation du sexe est sous un déterminisme social en rapport avec l'existence de couples monogames*, dans une société « matriarcale ». Les femelles, de premier rang α, sont les plus grandes et dominent la hiérarchie sociale. Elles se montrent « castratrices », agressives vis-à-vis de tous les autres membres du groupe qui sont en situation de stress comme en témoignent leur comportement parfois tremblant et un taux sanguin élevé d'hormone de stress, le cortisol. Les individus de deuxième rang (β) sont des mâles fonctionnels, membres des couples monogames, et ceux de troisième rang (γ) et de quatrième et cinquième rangs (δ et ε) sont temporairement immatures. Les couples monogames* se maintiennent à l'abri dans la couronne de tentacules d'anémones de mer dans lesquelles ils trouvent refuge, respectant une hiérarchie sociale bien établie (Figure ci-contre).

Si, par malheur, la femelle disparaît, dévorée par exemple par un prédateur, son compagnon abandonne sa fonction de mâle. Il se transforme, en quelques semaines, en une femelle dominante, tandis que le plus grand des individus de troisième rang (γ), jusqu'alors stérile, devient un mâle fonctionnel à la suite d'une levée d'inhibition testiculaire. La féminisation du mâle débute d'abord « dans sa tête » avant de se matérialiser dans sa gonade, suite à un changement de la sécrétion cérébrale d'une enzyme, l'aromatase, qui commande la conversion chimique de la testostérone en hormone œstrogène nécessaire à la différenciation d'un ovaire fonctionnel (4). De plus, cette « néo-femelle » adopte, dès sa « prise de pouvoir » et avant même de posséder ses attributs sexuels ovariens, un comportement agressif de dominance vis-à-vis des autres membres du groupe social de façon à s'imposer rapidement comme « la maîtresse des lieux ». Le matriarcat s'exprime précocement !

La revanche des mâles…

Inversement, les cas les plus remarquables de masculinisation concernent des espèces organisées en « harems » dans lesquels une hiérarchie est bien établie sous « l'autorité » (irremplaçable !) d'un mâle dominant. Ainsi, chez le **gobie japonais des récifs** *(Trimma okinawae)*, un mâle polygame de grande taille (rang α) règne sur plusieurs petites femelles subordonnées (rangs *β* ou *δ*), dont le nombre est positivement corrélé à la taille du mâle : plus grand est celui-ci, plus riche est son harem. Une masculinisation d'une femelle résulte de la disparition du mâle dominant, par désertion ou prédation. C'est alors la plus grande des femelles qui devient un mâle et succède à son ancien partenaire. Elle monopolise rapidement les accouplements avec les autres femelles du groupe.

Parfois, c'est une femelle « immigrée » qui prend les rênes du groupe social en devenant un mâle « chef du harem ». En effet, certaines femelles semblent préférer quitter leur groupe du fait de la compétition sexuelle avec les autres femelles. Elles « tentent l'aventure » et ont des chances de changer de sexe si elles sont de grande taille et si leur nouveau groupe ne comporte que des petites femelles. Une fois « néo-mâles », elles adoptent toutes les caractéristiques morphologiques (augmentation de taille, allongement de la nageoire dorsale…) et comportementales (rituel de cour, agressivité…) inhérentes à leur nouveau sexe, mettant ainsi fin à l'« instabilité sociale » qui résulte de l'absence d'un mâle. Un seul mâle vous manque…

Ce changement de sexe est, là encore, sous contrôle hormonal : le taux de testostérone augmente par suite de l'inhibition de l'enzyme aromatase qui catalyse la conversion des androgènes en œstrogènes. Des neuropeptides cérébraux (neuropeptide Y) sont impliqués dans le fonctionnement de l'axe hypothalamus-hypophyse-gonade et stimulent le changement de sexe, sous l'influence de stimuli sociaux. Expérimentalement, un traitement chimique par le fadrazole, un inhibiteur de l'aromatase, provoque de la même façon la dégénérescence du tissu ovarien et une différenciation d'un tissu testiculaire, ce qui induit 100 % de masculinisations chez les poissons traités.

Une telle virilisation offre à la population plusieurs avantages : les néomâles, de grande taille, accroissent leur succès reproductif, un grand mâle pouvant féconder les ovocytes de plusieurs femelles ; ils sont plus agressifs dans la compétition intrasexuelle, défendent efficacement leur territoire et, parfois, les pontes et les larves. De plus, les femelles qui se masculinisent ont survécu plusieurs années aux aléas de la vie, ce qui signifie qu'elles ont de « bons gènes » : les néomâles en seront aussi porteurs…

Le comble de l'ambivalence sexuelle...

Outre ces changements de sexe unidirectionnels, certains poissons peuvent changer de sexe plusieurs fois, étant capables de recouvrer leur sexe antérieur lorsque la population diminue. En effet, les prédateurs peuvent s'attaquer préférentiellement, soit à des mâles dont les couleurs vives sont plus attractives, soit à des femelles dont la gravidité limite la vitesse de nage. Des événements climatiques comme les cyclones peuvent aussi frapper un sexe davantage que l'autre. Dans de telles situations, de multiples inversions sexuelles bidirectionnelles coûtent moins, en temps et en énergie, que d'avoir à rechercher un partenaire rare, une activité qui peut mener l'individu à perdre son territoire ou à finir dans l'estomac d'un prédateur. De plus, lorsque les chances de trouver un partenaire sexuel sont limitées, un individu qui change de sexe dans la direction appropriée a une durée de succès reproductif supérieure par rapport à celui qui ne change pas de sexe, ce qui est fréquent chez les espèces à habitat réduit et à choix d'accouplement limités.

Chez le **labre à trois taches** *(Halichoeres trimaculatus)* coexistent protandrie et protérogynie, avec un changement de sexe bidirectionnel : mâle → femelle → mâle et femelle → mâle → femelle en fonction des pressions sociales de leurs habitats. Deux types de mâles coexistent : des petits mâles « primaires », à livrée pâle comparable à celle des femelles, et des grands mâles « secondaires » à livrée brillante, qui sont d'anciennes femelles masculinisées. Les mâles primaires sont capables de changer de sexe et de devenir des femelles, se comportant alors en protandres, leur féminisation résultant d'un environnement social difficile pour eux : privés de femelles par les grands mâles territoriaux et contraints de se comporter vis-à-vis d'elles en *sneakers* (2), ces petits mâles accroissent leur succès reproductif en devenant des femelles tout en demeurant capables de revenir au sexe mâle initial « en cas de besoin ».

La liberté sexuelle : un vain mot, parfois...

Chez les **pseudochromidés** de l'Indo-Pacifique et de la mer Rouge, le plus grand individu d'un couple hétérosexuel a tendance à devenir ou à demeurer un mâle, et le plus petit à devenir ou à rester une femelle. L'absence d'un mâle dominant, suite à son départ ou à son élimination, induit une masculinisation de la plus grande des femelles présentes et inhibe le changement de sexe des autres femelles, ce qui permet au groupe social de compenser toute vacance du pouvoir dans les meilleurs délais. De plus, lorsqu'un mâle dominant se retrouve seul avec un autre mâle subordonné, sa présence provoque une féminisation de celui-ci, comme s'il n'y avait place que « pour un seul chef »...

De tels changements de sexe demandent plus ou moins de temps, une masculinisation étant environ deux fois plus rapide qu'une féminisation (28 jours contre 52 jours chez *Pseudochromis flavivertex*, 18 à 43 contre 64 à 92 jours chez *P. aldabraensis*, 56 contre 67 à 93 jours chez *P. cyanotaenia*), ce qui traduit l'urgence de l'établissement d'un « pouvoir viril » qui paraît toujours une priorité absolue pour le groupe social...

Tous ces changements de sexe démontrent que chaque individu n'apparaît jamais maître de son destin sexuel : il doit, en permanence, demeurer « au service » de la pérennité du groupe social en orientant sa sexualité dans la direction du sexe déficitaire.

Mais un autre déterminant peut influencer l'orientation sexuelle : l'environnement. Chez les femelles de **gambusie**

(Gambusia affinis), l'hormone de stress, le cortisol, a un effet masculinisant. Lorsqu'elles sont traitées par du cortisol exogène, à une dose supérieure à 0,5 mg/L, leur nageoire anale se transforme en un gonopode comparable à celui des mâles (29). Leur comportement devient également comparable à celui des mâles et elles tentent de copuler avec les femelles-témoins. Les mécanismes de cette masculinisation sont inconnus mais vraisemblablement dus à l'activation d'une enzyme conduisant à une synthèse d'hormone androgène. Une contamination chimique des eaux par des perturbateurs endocriniens peut être responsable d'une semblable « rupture endocrine » (28).

II. AMOURS... COCUFIÉS

Des mâles gagnants et... des cocus...

La compétition intermâle est souvent forte sur les sites de reproduction, avec généralement « beaucoup d'appelés et peu d'élus ». En amour, il y a toujours des gagnants et des perdants, des vainqueurs et des vaincus... La parole reste alors généralement aux mâles les plus grands et les plus forts (69) qui, en qualité de dominants, s'imposent et cherchent à monopoliser les femelles. Cependant, les petits mâles, subordonnés et vaincus, n'abandonnent pas pour autant la partie, cherchant à gagner, par la ruse, ce que les autres ont cru acquérir par la force (2)... *Sneakers* ou « chapardeurs », ils parviennent, plus ou moins furtivement, à féconder les ovocytes des femelles courtisées par les grands mâles. Une telle pratique du cocufiage n'est d'ailleurs pas l'exclusivité des *sneakers*, les grands mâles ne se privant pas de l'exercer vis-à-vis de leurs congénères également territoriaux.

Les mâles territoriaux, qualifiés de « bourgeois », du **gobie de sable** atlanto-méditerranéen *(Pomatoschistus microps)* établissent un nid de ponte sous une coquille de moule ou de coque dans laquelle ils attirent des femelles. Puis, après la ponte, ils se livrent à des soins parentaux (62). Certains de ces mâles, propriétaires d'un territoire et d'un nid, sont également capables de « pirater » celui de leurs voisins, comme si le besoin d'exploiter toutes les occasions de maximiser leur succès reproductif était le plus fort. La « soif d'aventure » est telle que des « bons pères de famille » désertent leur territoire et abandonnent leur progéniture pour procéder à des fécondations extra-matrimoniales. La victoire du vice sur la vertu ?

Un tel libéralisme des mœurs et un semblable cocufiage généralisé s'avèrent, en fait, bénéfiques pour tous, car ils diversifient les génomes et accroissent le brassage des gènes au sein de la population qui profite, finalement, de ce « libertinage » et de ces « vagabondages sexuels ». Vive la liberté sexuelle !

12. AMOURS... COERCITIFS

Des amours non consentis et des mâles « bêtes de sexe »...

Les mâles manifestent généralement une « santé sexuelle » supérieure à celle des femelles. La production de sperme étant plus économique que celle des ovocytes, ils sont plus « demandeurs » que les femelles. Si celles-ci sont parfois consentantes, à des moments précis de leur cycle ovulatoire, elles se refusent aussi souvent aux sollicitations trop pressantes des mâles. Ces « femelles-objets » deviennent alors victimes d'un harcèlement sexuel de la part de mâles trop « ardents », ce qui les empêche de rechercher leur nourriture et nuit à leur fécondité ultérieure et parfois même à leur survie lorsqu'elles sont victimes d'épuisement (16). Trop d'amour nuit à l'amour...

Machos précoces

Les mâles des **guppys** (genre *Pœcilia*), des **gambusies** (genre *Gambusia*) et des **porte-épée** (genre *Xiphophorus*) sont dotés d'un organe copulateur dénommé gonopode qui leur sert à inséminer les femelles et dont ils cherchent en permanence à faire « bon usage »... Celles-ci signalent habituellement à leurs partenaires potentiels qu'elles sont disposées à s'accoupler par des postures caractéristiques : tête dirigée vers le bas, courbure du dos... Elles affichent même une « tache de gravidité » qui indique aux mâles qu'elles sont déjà gestantes et indisponibles, ce dont ceux-ci ne tiennent généralement pas compte... En particulier, les petits mâles *sneakers* « ne pensent qu'à ça ». Ils cherchent, jusqu'à plusieurs fois par minute, à faire pénétrer leur gonopode dans l'orifice génital de femelles. Ces tentatives sont rarement performantes car ces dernières sont capables de rejeter ce sperme « mal accepté » (75).

Néanmoins, un tel comportement coercitif induit un stress permanent chez les femelles, contraintes de fuir, de se priver de nourriture ou de se réfugier dans des habitats difficiles tels que des courants inaccessibles aux petits mâles, mauvais nageurs. Une autre stratégie consiste pour elles à s'associer à des groupes de femelles « sexy », qui, par leurs phéromones*, sont très attractives pour les mâles. S'associer à ces femelles constitue une stratégie sociale destinée à « avoir la paix ». Malheureusement pour elles, le répit n'est souvent que momentané...

Ces accouplements coercitifs, bien que souvent improductifs, ne sont cependant pas complètement inutiles car ils présentent l'avantage, pour les *sneakers*, de leur offrir la possibilité de « faire leurs premières armes ».

13. AMOURS... COLORÉS

Savoir faire « le beau »...

Les mâles de nombreux poissons cherchent à attirer l'attention des femelles par des traits ornementaux colorés qui les mettent en valeur et qui reflètent leur « qualité ». Des pigments noirs, les mélanines, et des pigments rouges, les caroténoïdes, sont les plus couramment impliqués dans la coloration nuptiale des mâles. Ils sont stockés dans des cellules spécialisées du derme, les chromatophores*. Agissant comme signaux visuels attractifs, les pigments diffèrent quant à leur origine : alors que les mélanines peuvent être synthétisées par l'organisme à partir d'acides aminés (tyrosine, phénylalanine), les caroténoïdes, responsables des couleurs jaunes, orangées et rouges, doivent nécessairement être fournies par les microalgues de leur alimentation. Les premiers s'expriment sous contrôle génétique et reflètent souvent un statut social de dominance, les seconds traduisant plutôt une « qualité physiologique » et un niveau de

« condition physique » qui dépendent de la qualité de la nourriture consommée.

Les « parures de noce » censées séduire les femelles utilisent souvent des caroténoïdes. Une telle sélection sexuelle implique un étroit couplage entre l'évolution de ces signaux colorés chez les mâles « émetteurs » et l'évolution des capacités visuelles rétiniennes (cellules en cônes) des femelles « réceptrices ». De tels signaux sont très informatifs car ils reflètent la condition physique des mâles (les individus malades et parasités affichent des colorations pâles...) et sont de bons indicateurs de leur qualité génétique, en particulier immunitaire, car ils fonctionnent comme des « antioxydants » qui protègent les tissus de lésions oxydatives causées par des radicaux libres (le stress oxydatif).

Les gènes contrôlant leur expression sont étroitement liés au chromosome sexuel Z, de telle sorte que des mâles brillants transmettent, non seulement leurs caractères colorés à leurs fils, mais lèguent aussi les orientations comportementales de préférences sexuelles à leurs filles qui apprécieront, à leur tour, les mâles les plus colorés...

Quand les femelles voient rouge...

Pendant la période de reproduction, les femelles de l'**épinoche commune** *(Gasterosteus aculeatus)* choisissent les mâles dont la gorge et le ventre sont de couleur rouge-orangée brillante. Leurs cônes rétiniens, les cellules sensibles aux couleurs, sont riches en pigments (opsines*) sensibles au rouge, avec un pic à des radiations lumineuses de 620 nanomètres de longueur d'onde (λ). Elles « voient rouge » durant la saison des amours, ce qui maximalise leurs chances de détecter les « bons mâles ».

En revanche, les femelles rejettent les victimes d'une infestation parasitaire par un ver cestode *(Schistocephalus solidus)*, qui ont perdu leur coloration nuptiale ; seules celles qui sont atteintes du même mal parasitaire sont susceptibles de s'intéresser à eux.

Outre la coloration rouge de leur ventre (à laquelle on peut ajouter le bleu de leurs yeux), les mâles et les femelles de l'épinoche disposent d'un autre moyen de séduction : leurs flancs réfléchissent les rayonnements ultraviolets (UV, λ = 300-400 nanomètres) grâce à des pigments argentés. Les deux sexes possèdent des cônes rétiniens sensibles aux UV de 360 nm de longueur d'onde et se choisiraient donc aussi par UV interposés.

De tels choix d'accouplement, qui suivent des « codes » précis et correspondent à des « canons esthétiques », dépendent aussi des conditions environnementales, certaines pollutions pouvant perturber la signalisation visuelle ambiante. Ainsi, l'eutrophisation des eaux littorales de la Baltique est responsable d'un important développement d'algues filamenteuses benthiques* *(Cladophora* sp.*)*. Elle est la cause d'une moindre visibilité dans leurs habitats. La limitation du champ visuel des épinoches femelles induit une réduction de leurs rencontres avec les mâles, d'où un moindre nombre d'œufs déposés à l'intérieur des nids.

Comme l'épinoche, le **guppy** *(Pœcilia reticulata)* présente, au moment de la reproduction, un net dimorphisme chromatique. Les mâles offrent naturellement une très grande variété de couleurs dont certaines ont été artificiellement amplifiées et sélectionnées et qui font le bonheur des aquariophiles. L'intensité de la coloration rouge est garante d'un fort potentiel de paternité. Là encore, les mâles parasités par un ver trématode (*Uvulifer* sp.) et qui sont « dénoncés » par des taches cutanées noires, ne rencontrent aucun succès auprès des femelles.

Le rouge est également une couleur « biologiquement positive » chez les mâles des **vairons** *(Phoxinus phoxinus),* des **gouramis rouge-flamme** *(Colisa lalia)*, de certains **saumons du Pacifique** comme les *cohos (Oncorhynchus kisutch)...*

Il arrive aussi que les mâles soient, à leur tour, sensibles à la couleur rouge, naturelle ou artificielle, des femelles et soient attirés par les plus vivement colorées d'entre elles. Ainsi, chez les petits **cyprinidés chinois** (*Tanichthys albonubes),* la livrée habituelle est blanchâtre. Des femelles recevant, en laboratoire, un gène induisant la production d'une protéine fluorescente rouge et dont la musculature devient vivement colorée et extérieurement visible, sont plus attractives pour les mâles que leurs homologues sauvages. Le rouge semble bien la couleur de la séduction. D'ailleurs, des travaux récents consacrés à l'éthologie humaine n'auraient-ils pas démontré que les femmes usent volontiers du rouge de leur tenue vestimentaire comme d'un « attractant sexuel » efficace ?...

Le bleu, signal de charme et d'élégance...

Bien qu'assez rarement présente par les poissons, cette couleur n'en est pas moins utilisée comme un signal sexuel attractif utilisé par les mâlcs à destination des femelles. Ainsi, le mâle d'**épinoche commune** se signale-t-il par la couleur bleue de ses yeux. Le cas le plus démonstratif concerne le **poisson-mandarin** *(Synchiropus splendidus)*, l'un des plus beaux, si ce n'est le plus beau des poissons indo-australiens. Les mâles sont brillamment colorés en période de reproduction, arborant une livrée à bandes bleues (présence de cyanophores) et jaunes qu'ils exhibent devant les femelles lors de leur parade nuptiale. Les femelles paraissent cependant ne pas y prêter tellement attention puisqu'elles s'accouplent indifféremment avec tous les mâles, qu'ils soient très colorés ou non. Des efforts de séduction mal récompensés...

Le **tétra-néon** *(Paracheirodon innesi)*, un characidé d'Amérique du Sud, est bien connu des aquariophiles. Ses couleurs bleues et rouges très vives et à reflets métalliques (couleur optique liée à la présence d'iridophores dans leur tégument) font de lui une *star* des aquariums. En fait, la vivacité des couleurs de sa livrée a pour fonction une facilitation du repérage visuel (reflets bleu-vert des flancs) entre les individus dans les eaux sombres amazoniennes dans lesquelles la visibilité est limitée à moins de 20 centimètres. Il faut briller dans le noir, mais briller n'est pas toujours gagner...

Le **guppy** est célèbre pour ses livrées d'un rouge plus ou moins étincelant (dû aux caroténoïdes) qui caractérise les populations natives de Trinidad. Cependant, au Japon, des mâles de populations introduites ont développé des signaux d'attractivité sexuelle de couleur bleue qui conditionnent les préférences d'accouplement des femelles.

Le vert galant, couleur d'espoir...

Les mâles du **labre vert australien** *(Notolabrus tetricus)* possèdent, en période de reproduction, des livrées brillantes de couleur bleu-vert avec une gorge bleue, les femelles étant simplement brunâtres. Hermaphrodites* successifs protérogynes (10), ces mâles dérivent des femelles à la suite d'un changement de sexe (masculinisation). Ce sont les femelles qui, initialement, stockent un pigment bleu-verdâtre : la biliverdine, produit de dégradation de l'hémoglobine, un déchet qui, en raison de sa toxicité, est généralement éliminé. Elles résistent à des concentrations élevées de biliverdine qui colore leur sang, mais ce pigment ne s'accumule dans leur peau que lors de leur masculinisation. Les mâles « héritent » donc de celui-ci, qui leur permet d'arborer une livrée de noce qui se trouve séduire les femelles : celles-ci choisissent comme partenaires les mâles les plus brillamment colorés, ignorant que la beauté de leurs partenaires est imputable à un « don » de leur propre sexe offert « en cadeau » au sexe mâle…

Le noir, couleur de l'agressivité…

Chez le **guppy**, les pigments de mélanine renforcent la couleur orange ou rouge des mâles, ce qui accentue les contrastes et les rend bien visibles dans des eaux peu profondes, riches en végétation aquatique et colorées, comme celles des tourbières. Chez le **molly tacheté** *(Pœcilia latipunctata)*, les mâles dominants, qui sont les plus agressifs vis-à-vis de leurs rivaux, adoptent une livrée très sombre, leur surface corporelle et leurs nageoires dorsale et caudale devenant noires en raison du développement d'un réseau dense de chromatophores* chargés de mélanine (les mélanophores*). Ce caractère est ancestral et génétiquement héritable, et son accentuation est temporaire au moment de la reproduction, en rapport avec le statut social de dominance. Les femelles peuvent être amenées à se méfier d'un tel signal d'agressivité dont elles peuvent « faire les frais »…

Les mâles du **porte-épée rouge** *(Xiphophorus cortezi)* présentent des livrées caractérisées par la présence de bandes verticales noires (mélanisées) qui sont symétriques ou bien plus ou moins asymétriques. Durant leur cour, les mâles renforcent la coloration noire de ces barres et les exposent au regard des femelles en effectuant des mouvements de nage en 8 devant elles. Celles-ci préfèrent s'accoupler avec les mâles asymétriques au détriment de ceux qui sont symétriques. Sont-elles plus sensibles au désordre qu'à l'ordre ?

Les mâles de l'**épinoche américaine à cinq épines** *(Culaea inconstans)* présentent, outre une coloration sombre « mélanique » de leur livrée, une barre verticale noire qui traverse leur œil sur le fond doré de l'iris. Cette coloration noire, qui s'accentue au moment de l'accouplement et surtout lorsque le mâle protège sa progéniture, n'est pas un critère de sélection par les femelles : il a une valeur de menace et traduit une volonté farouche de défense du territoire à l'encontre des mâles rivaux (41). Quand il faut « jouer au méchant » !…

Des femelles qui possèdent un « sacré coup d'œil »

Des chromatophores* porteurs de pigments variés se rencontrent dans les téguments cutanés des mâles des diverses espèces (iridophores verts, érythrophores rouges, xanthophores jaunes…), associés à une diversité de distribution des mélanophores*. Leur développement est sous le contrôle des hormones androgènes (testostérone), une castration supprimant la coloration nuptiale des mâles.

Un grand polymorphisme de couleurs (polychromatisme) se rencontre chez les mâles des **cichlidés** des Grands Lacs africains. Le choix des femelles dépend alors, non pas d'une simple sélection stéréotypée pour une couleur déterminée, mais de la prise en compte de l'hétérogénéité des environnements visuels (habitats de rochers, d'herbiers, de débris végétaux…) qui induit des variations des signaux colorés. La couleur optimale est celle qui est la plus visible et la plus contrastée dans un environnement donné en fonction d'un type dominant d'éclairement du milieu, d'un « paysage » coloré propre à chaque microhabitat.

Les femelles savent infailliblement reconnaître des livrées faites de taches, de ponctuations, de bandes et de barres originales aux dessins riches et complexes qui sont caractéristiques de leur espèce. Ainsi, chez ces espèces qui cohabitent en grand nombre en ne présentant que de faibles différences morphologiques, écologiques et comportementales, les colorations nuptiales jouent un grand rôle dans les reconnaissances entre les espèces (56). Les femelles ne choisissent *a priori*, pour s'accoupler, que les mâles de leur propre espèce. En favorisant des accouplements « bien assortis », les colorations maintiennent une grande diversité spécifique.

Si cette sensibilité visuelle est héréditaire, le rôle d'un apprentissage précoce n'est pas négligeable. Ainsi, les jeunes **mbunas** *(Pundamilia pundamilia)* sont hébergés dans la bouche maternelle pendant trois semaines après l'éclosion (62). Ils apprennent durant ce temps à reconnaître les caractéristiques des livrées de leur mère, d'où une nette préférence ultérieure pour les congénères qui présentent la même apparence que celle-ci. La fidélité va alors aux couleurs familiales…

14. AMOURS… COMMUNAUTAIRES

Biodiversité : une stratégie « antimondialiste »

Les anguilles européennes *(Anguilla anguilla)* sont remarquables par leur aptitude à réaliser un long voyage transatlantique de plus de 6 000 kilomètres, qui dure plusieurs mois. Elles nagent, depuis leurs habitats côtiers ou continentaux de l'Europe occidentale et de l'Afrique du Nord, pour rejoindre ce lieu unique et privilégié qu'est la mer des Sargasses, dans l'Atlantique occidental au voisinage du célèbre Triangle des Bermudes. C'est une zone océanique aux eaux tièdes occupées par de grandes algues brunes, les sargasses. Tous les adultes en âge de procréer, quelle que soit leur origine géographique, des régions septentrionales de la Baltique aux régions méridionales des lagunes et des rivières marocaines et méditerranéennes, entreprennent cette longue migration transocéanique de façon, semble-t-il, individuelle, en solitaires, et convergent inéluctablement vers leur unique aire de ponte…

Fidélité ethnique et communautarisme...

On a longtemps admis que les accouplements s'effectuaient au hasard des rencontres, toutes les populations mélangées et sans aucun particularisme géographique... Or, des études génétiques récentes ont montré qu'il n'en est rien et que les géniteurs respectent scrupuleusement, dans le choix de leurs partenaires sexuels, leur appartenance à une population régionale bien identifiée et de provenance parfaitement identique à la leur : les nordiques avec les nordiques, les bretonnes avec les bretonnes, les basques avec les basques, les africaines avec les africaines... Une telle fidélité à son groupe ethnique, avec un refus de toute forme de mélange intercommunautaire et de mixité raciale, n'est explicable que si l'on admet qu'elles possèdent une capacité à se reconnaître grâce à des « facteurs d'identité ». Les anguilles étant douées d'une grande sensibilité à des signaux chimiques, ces facteurs seraient donc olfactifs. Les géniteurs d'un même groupe régional se retrouveraient ainsi, à l'issue de leur migration, pour des raisons hydrologiques : courantologie océanique faisant converger tous les adultes de même provenance (par exemple d'un même secteur de Méditerranée...) en une même zone bien déterminée de la mer des Sargasses. Chacune des localités océaniques où elles se seraient comme « donné rendez-vous »...

Un tel comportement a pour conséquence, en maintenant l'unité génétique du groupe régional, de conserver, dans chaque population, un patrimoine de gènes utiles au maintien de ses potentialités adaptatives (de son *fitness*) dans les habitats de son aire géographique. Un tel avantage ne peut se concrétiser qu'à condition que les larves pélagiques issues des pontes, les leptocéphales, retrouvent le « bon chemin » des courants transocéaniques de retour. Ce chemin qui les guiderait, sans risque d'erreur, en direction de la région d'origine de leurs parents : la Baltique, l'Angleterre, la Bretagne, la Normandie, le Pays Basque, le Maroc, la Méditerranée... De surprenantes et superbes aventures de navigation marine, grâce à des géniteurs qui savent anticiper et choisir les « bons-courants » porteurs.

15. AMOURS... COMPÉTITIFS

Que le meilleur gagne !

Chez les poissons, la compétition entre les mâles est souvent considérable car chez de nombreuses espèces et de nombreuses populations, le sexe-ratio* est déséquilibré en leur faveur... Ils sont donc amenés à chercher à l'emporter sur leurs rivaux en usant de plusieurs tactiques, soit par des affrontements directs, des batailles (41), soit en adoptant des livrées nuptiales attractives (13) et en déployant des comportements de cour (38) qui, s'ils se révèlent inefficaces, justifient des recours à la force ou à la ruse (12).

Comportement « galant », charme et séduction...

L'une des tactiques les plus éprouvées et les plus rentables, en termes de succès reproductif, est l'adoption de comportements galants ou « de cour », pendant lesquels les mâles

« s'exposent » lors de mouvements de parades, de danse, d'attouchements…, afin d'apparaître sous « leur meilleur jour ». Les femelles adorent généralement être courtisées et succombent d'autant mieux que ces comportements de cour sont prononcés (38). L'amour courtois a toujours fait ses preuves !

Les mâles se signalent aussi au regard des femelles en déployant des signaux attractifs qui sont soit visuels (grande taille, livrées colorées, nageoires déployées…), soit olfactifs (des « odeurs » sous la forme de phéromones* sexuelles), soit acoustiques (des soupirs, des chants, des chorales…), soit tactiles (des caresses…), soit électriques (des ondes…), soit comportementaux (la nage, la combativité, les soins parentaux…) qui informent les femelles sur leurs « qualités » et leur potentiel reproductif (26, 29, 63, 67, 69).

Par exemple, chez le **poisson rouge** *(Carassius auratus)*, plusieurs mâles accompagnent une femelle dans la végétation dans une sorte de ballet dans la colonne d'eau. Ils alternent des mouvements d'ascension vers la surface et de brusques plongeons jusqu'au fond. Les meilleurs nageurs, les plus endurants, voient augmenter leur chance de succès… Les Casanova et les Don Juan sont toujours très appréciés.

La part de la force, de la ruse et de… l'urine

Certaines femelles apprécient les grands mâles dominants qui sont choisis par elles ou bien qui s'imposent à elles, suite à un comportement agressif vis-à-vis de leurs rivaux et parfois même vis-à-vis d'elles (45) ou encore consécutivement à un harcèlement sexuel (12).

Parfois, les petits mâles, désavantagés par leur taille et ne disposant d'aucun caractère morphologique suffisamment attractif, ont recours à la dissimulation en adoptant une taille et une couleur qui les font ressembler à des femelles au milieu desquelles ils cherchent à se confondre (mimicrie*). Ils cherchent, en qualité de *sneakers* (2), à voler furtivement des fécondations.

Le mâle territorial du **tilapia burtoni** *(Astatotilapia burtoni)*, un cichlidé des Grands Lacs africains, assoit son hégémonie en émettant des jets d'urine destinés à « marquer son territoire » et à prouver son statut de dominance, son rythme urinaire étant accru en présence de rivaux. Les phéromones* sexuelles contenues dans son urine exercent, à la fois, un pouvoir de dissuasion vis-à-vis des autres mâles et une force d'attraction sur les femelles... À bon entendeur... Une forme de « persuasion chimique »... Il n'y a pas que les chiens qui « lèvent la patte » pour marquer leur territoire !

Le sperme vainqueur

Des femelles peuvent également, comme celles de syngnathes et d'hippocampes, se trouver en compétition avec d'autres femelles. Elles sont alors contraintes d'utiliser, à leur tour et suite à une inversion des comportements, des stratégies d'attraction pour se mettre en valeur aux yeux des mâles (52). Une étape supplémentaire peut être franchie : ce ne sont plus les mâles qui se concurrencent mais leurs spermatozoïdes ! Dans cette « compétition spermatique », la sélection sexuelle porte, à la fois, sur l'individu (son aptitude à éjaculer le premier en position stratégiquement favorable, c'est-à-dire en étroite proximité de l'orifice de ponte de la femelle) et sur son sperme (le nombre de spermatozoïdes, leur vitesse de nage et leur pouvoir fécondant).

Une femelle de barbeau *(Barbus barbus)* accompagnée de trois mâles qui la courtisent afin d'obtenir un accouplement.

Un exemple d'une telle compétition est le **barbeau** *(Barbus barbus)*. Mâles et femelles forment sur les frayères des agrégations non organisées, une femelle mûre étant alors accompagnée par une dizaine de mâles (Figure). En réponse à des stimuli olfactifs phéromonaux émis par les femelles (prostaglandines*, 63), chacun d'eux éjacule un nombre considérable de spermatozoïdes (des millions par cm^3) en même temps que ses rivaux. Les plus grands mâles, à la fois en position de force pour se positionner à proximité immédiate d'une femelle lorsque celle-ci commence à ovuler et qui possèdent les testicules producteurs du plus grand nombre de spermatozoïdes fécondants, assurent alors l'essentiel des paternités. Une spermiation adaptée à l'environnement social !

Chez le **gourami tropical** *(Colisa colisa)* se rencontrent trois types de mâles au statut social hiérarchisé, aux comportements distincts et aux potentialités spermatiques différentes : le mâle dominant territorial et propriétaire d'un nid qu'il protège et défend contre ses rivaux ; des mâles « secondaires » positionnés à proximité du nid, prêts à intervenir pour accéder aux femelles, n'hésitant pas à attaquer le mâle dominant qui les chasse ; et des mâles « tertiaires » non agressifs, qui se tiennent plus loin du nid et à l'écart des deux autres catégories de mâles. Une telle hiérarchie repose sur des aptitudes spermatiques différentes : le dominant possède les testicules les plus gros ; le rapport pondéral entre les testicules et le poids corporel, ou indice gonosomatique, est respectivement, pour les trois types de mâles, de 1,19, 0,81 et 0,62, en rapport avec des taux élevés d'hormones androgènes (testostérone). En avoir ou pas...

La femelle de **guppy** *(Pœcilia reticulata)* favorise les fécondations réalisées lors de son accouplement « consenti » et renforce les chances de fécondabilité de ses ovocytes en libérant un liquide ovarien contenant des hormones œstrogènes et des phéromones* sexuelles qui activent les spermatozoïdes de leur conjoint. Mais les mâles vainqueurs de la compétition intermâle auraient tort de croire que « la partie est définitivement gagnée », car les femelles disposent encore d'un moyen ultime et très coercitif vis-à-vis du sperme émis par leur compagnon : conserver ou rejeter une partie ou la totalité du sperme inséminé si le mâle avec lesquelles elles se sont accouplées « ne leur convient pas » (73). Sur quels critères ? Mystère !

16. AMOURS… CONFLICTUELS

Disharmonie conjugale

Les amours des poissons peuvent se traduire par de véritables conflits d'intérêts entre les deux sexes. Mâles et femelles ont en effet, au cours de la reproduction, des ambitions divergentes. Les mâles jouent sur un registre quantitatif en produisant de nombreux gamètes, quitte à être peu regardants sur la qualité des partenaires, toute femelle rencontrée étant susceptible de « faire l'affaire ». Ils sont parfois capables de plusieurs dizaines de copulations à l'heure (2) ! Les femelles, au contraire, ont en général une fécondité limitée, bien que certaines soient capables de pondre des millions d'ovocytes. Elles sont particulièrement soucieuses de leur descendance et de son avenir. Leur préoccupation prioritaire repose sur la « qualité » de leurs accouplements, qui passe par la recherche des « meilleurs mâles » dispensateurs des « meilleurs gènes » et susceptibles de se comporter en « meilleurs pères »… Sécurité et stabilité sociales sont leurs maîtres mots.

Alors que les mâles et les femelles contribuent à égalité au matériel génétique de leurs descendants lors de la fécondation des gamètes, les investissements énergétiques de la reproduction sont différents entre les deux sexes. Ils sont plus élevés chez les femelles que chez les mâles. Il existe un déséquilibre fondamental de la taille des gamètes (anisogamie*) : le parent femelle produit de grands gamètes, donc après fécondation des œufs de grande taille (grands zygotes*) dotés d'une grande valeur sélective (*fitness*), c'est-à-dire d'une grande probabilité de donner des descendants viables ; le parent mâle produit quant à lui des petits et très nombreux spermatozoïdes. Chez la femelle, on observe une résistance aux accouplements répétés imposés par les mâles « trop portés sur la chose » : elle développe des comportements « anti-coercitifs » qui réduisent le coût du harcèlement sexuel dont elles sont victimes. Les effets négatifs de ce dernier sont multiples : violences physiques, diminution du temps passé à se nourrir, augmentation des risques de prédation, gaspillage d'énergie (forte dépense d'oxygène) ; enfin, chez les espèces qui pratiquent les copulations, risques de blessures cloacales à cause des épines dont sont parfois munis les gonopodes des mâles et de contamination par des maladies sexuellement transmissibles. De véritables conflits sexuels.

Halte à la domination mâle !

Être une femelle, chez les **gambusies** *(Gambusia affinis)*, n'est pas de tout repos (12). Victimes fréquentes de tentatives de copulation non désirée, ces femelles sont contraintes, en présence de mâles harceleurs, d'adopter des contre-stratégies : elles ont alors tendance à se rapprocher des autres femelles et à nager de concert le plus près possible les unes des autres en formant des bancs, dans l'espoir d'une « dilution » du harcèlement, préférant se joindre aux groupes numériquement les plus importants, surtout ceux constitués de femelles de grande taille qui sont les cibles préférées des mâles en raison de leur plus grande fécondité potentielle. Elles recherchent aussi la présence d'un mâle de grande taille ayant un statut de dominant qui les monopolise et joue alors un rôle de protecteur en ayant la capacité de faire fuir les petits mâles, le temps qu'il passe à les poursuivre réduisant d'autant la durée de leur harcèlement… Elles peuvent encore se réfugier auprès de groupes de mâles qui se livrent entre eux à une compétition et à des manifestations d'agressivité coûteuses en énergie, donc susceptibles de leur procurer quelque répit. Ouf!…

Chez la **bouvière rose** *(Rhodeus ocellatus)* du Yangtze, en Chine, des tests ont montré que les préférences des femelles ne correspondent pas au choix imposé par des mâles dominants et agressifs. Elles tendent à éviter les mâles dominants en retardant leur ponte ou en simulant celle-ci et elles sollicitent, en revanche, des accouplements avec les *sneakers*. Le nombre d'œufs pondus est alors corrélé aux préférences d'accouplement des femelles et non pas à la dominance exercée par les mâles. Il ne sert à rien à ceux-ci d'arborer des couleurs vives rouges qui n'ont pas de valeur attractive, surtout en l'absence d'un comportement plus galant… Avoir été choisi par une femelle et avoir copulé avec elle n'implique cependant pas que le mâle vainqueur de cette épreuve l'emporte définitivement en tant que père. La femelle, qui a « plus d'un tour dans son sac », demeure, *in fine*, l'arbitre de la partie et peut rejeter le sperme de son compagnon si elle en rencontre un autre susceptible de présenter une qualité supérieure au premier (73). Des femelles qui ont toujours « le dernier mot » ?

17. AMOURS... CONSANGUINS

Du danger de l'inceste

L'importance de la qualité génétique des partenaires sexuels conditionne la santé, la survie et la valeur sélective *(fitness)* de leurs descendants, c'est-à-dire leur capacité à donner eux-mêmes un grand nombre de descendants. Cette qualité résulte de deux composants : des effets dus à l'addition des caractéristiques génétiques (génotypes) des parents, et des effets liés aux interactions (compatibilité-incompatibilité) entre le génome paternel et le génome maternel. Les accouplements entre des individus dissemblables, surtout s'ils sont originaires de populations différentes, tendent à maximiser la diversité génétique (on parle d'une forte hétérozygotie*).

Des combinaisons géniques délétères

Les unions entre les membres d'une même famille (parents-enfants, frères-sœurs) induisent, au contraire, une « dépression génique ». Celle-ci est due à ce que certains allèles* récessifs dont l'expression était masquée peuvent s'exprimer chez des descendants parce qu'ils en possèdent deux exemplaires identiques (homozygotie*), ce qui est plus fréquent en cas d'union familiale. Conséquences majeures : l'accumulation d'allèles délétères se traduit par un nombre élevé de malformations squelettiques et corporelles et par une forte mortalité embryonnaire et larvaire. Il en résulte un moindre succès reproductif (moindre taux d'éclosion, déformations corporelles, croissance réduite, déclin de fécondité…), avec le risque de disparition d'une partie de la population (48).

Compte tenu du danger que représentent les croisements incestueux, des mécanismes d'évitement ont été sélectionnés au fil de l'évolution : d'une part, une large dispersion des individus à partir de leur site de naissance, qui favorise leur brassage, donc un mélange génétique générateur d'une forte hétérozygotie* et, d'autre part, un rejet des croisements familiaux, les individus sachant reconnaître olfactivement les membres de leur famille et évitant alors de s'accoupler avec eux.

L'**épinoche commune** *(Gasterosteus aculeatus)* a une forte aptitude à coloniser de nouveaux habitats. Ses populations nouvellement établies comprennent un petit nombre d'individus dotés d'un « pool génique » réduit. Elles risquent alors d'effectuer des croisements consanguins. Or les femelles sont capables d'éviter ou, au moins, de minimiser de tels croisements en manifestant une nette préférence pour des mâles non familiers, donc non familiaux. Elles ont, en effet, appris à reconnaître les « odeurs » (via le « complexe majeur d'histocompatibilité », CMH) des individus consanguins avec lesquels elles ont vécu, au stade larvaire, pendant quelques semaines à l'intérieur du nid de ponte (63).

Jeu de « fausses pistes »

La légendaire fidélité des géniteurs de saumons à leurs rivières natales, lorsqu'ils pratiquent le *homing**, favorise le regroupement de géniteurs originaires d'une même frayère et appartenant à une même population, d'où des menaces de croisements consanguins si le nombre de géniteurs est réduit. Les **saumons atlantiques** *(Salmo salar)*, qui tendent à frayer, d'année en année, sur les mêmes sites de ponte, sont grandement menacés de consanguinité lorsque le nombre de géniteurs se réduit à quelques dizaines d'individus. Cette situation se rencontre, par exemple, dans un lac finnois (Saimaa) où les populations sont, sur les frayères, en faible effectif (moins de 50 individus et parfois même réduit à 10). Cependant, dans des milieux plus ouverts, des « erreurs de route », dues à de fausses signalisations olfactives, induisent des échecs de *homing** dans 2,5 à 15 % des cas selon les populations. Des individus détectent des signaux olfactifs attractifs ou répulsifs non compréhensibles pour eux car nouveaux (en cas de pollution par exemple) ou ne détectent pas les « bons panaches hydrauliques » émanant de leurs rivières natales en raison de leur dilution ; ils entrent alors dans des cours d'eau qui ne sont pas ceux où ils sont nés. Grâce à une telle fausse signalisation olfactive qui les engage sur de « fausses pistes », un large brassage génétique se produit entre les géniteurs de populations différentes. Finalement, il est heureux que le GPS des saumons ne soit pas toujours précis…

18. AMOURS… CONTRÔLÉS

La course contre le temps

Lorsque le mâle de la **truite arc-en-ciel** *(Oncorhynchus mykiss)* a conquis son élue à l'issue de sa cour, les deux amants se serrent rapidement l'un contre l'autre et rapprochent brièvement leurs orifices génitaux. Le mâle doit cependant garder un œil sur ses rivaux, qu'il a chassés mais qui gravitent aux alentours, toujours prêts à « tenter leur chance ». S'ils s'approchent trop, il les mord et leur dispense force coups de queue. Au four et au moulin, il doit aussi surveiller sa partenaire et les signaux annonciateurs de l'émission de ses ovocytes mûrs (quelques centaines) qu'il lui importera de féconder promptement. Ces signaux sont des « bâillements », la bouche grande ouverte, ou un signal olfactif lié à la présence d'hormones sexuelles dans les urines de la femelle. Celle-ci est alors prête à déposer ses ovocytes dans le nid de ponte qu'elle a confectionné auparavant. Ils seront recouverts de graviers dès leur fécondation par un nuage de sperme. Au mâle gagnant d'être le premier, le plus rapide et le plus performant sachant que la durée de vie de ses spermatozoïdes est de l'ordre de quelques dizaines de secondes, 30 au maximum !

Des aléas de l'éjaculation précoce

Il arrive que le mâle anticipe le moment de la ponte de sa partenaire afin de battre ses rivaux dans cette « course à la fécondation ». Son éjaculation précoce peut cependant être gaspillée et diluée par le courant si la femelle n'a pas déposé ses gamètes au bon moment. Autant en emporte les spermatozoïdes ! Mais chez un autre salmonidé qui pratique le même type d'accouplement, **l'omble-chevalier** *(Salvelinus alpinus),* le décalage d'éjaculation entre le mâle dominant et les mâles dominés est de 0,68 seconde. Or ce laps de temps est suffisant pour assurer au premier d'entre eux un avantage décisif en termes de succès reproductif.

Finalement, quelle que soit la vigilance du mâle, c'est toujours la femelle qui contrôle le *timing* de la fécondation en accélérant ou en retardant le moment de la libération de ses ovocytes. Il peut même arriver que la femelle ne ponde pas et qu'elle simule seulement cet acte. Ainsi, le mâle a beau être le plus grand, le plus fort, le plus séduisant..., il n'est jamais le maître du jeu. En amour, c'est un suiveur...

Coïtus interruptus

Chez le **guppy** *(Pœcilia reticulata)*, les femelles stockent dans leurs ovaires les spermatozoïdes des divers mâles qui se sont accouplés avec elles (polygynie*). Elles peuvent alors influencer le succès de paternité d'un mâle particulier en contrôlant le nombre de spermatozoïdes inséminés. Ce nombre dépend de la durée de la copulation, plus longue lorsqu'elle est librement consentie et coopérative, plus brève lorsqu'elle est contrainte (12). Les mâles peuvent cependant « tricher » en produisant peu de sperme et en invitant les femelles à de multiples copulations consenties. Mais les femelles restent *in fine* « maîtresses du jeu » car elles peuvent interrompre une copulation et ainsi contrôler le nombre de gamètes inséminés. La présence assez fréquente de sperme dans l'eau, à l'issue d'une copulation, traduit, soit une copulation interrompue, soit un rejet actif et volontaire de sperme « indésirable » par la femelle. De la guerre des sexes, les femelles poissons sortent toujours vainqueur(e)s !

19. AMOURS… COOPÉRATIFS

Loyal, mais jusqu'où ?

La compétition sexuelle entre les mâles est particulièrement vive chez les espèces chez lesquelles plusieurs catégories se partagent l'accès aux femelles : les mâles dominants (α), propriétaires d'un territoire et de nids qu'ils défendent et dans lesquels ils attirent les femelles, les mâles satellites, de plus petite taille et en situation de subordination (β), enfin les petits mâles *sneakers* qui cherchent, par la ruse, à accéder aux femelles et à « voler » des fécondations (2). Entre ces trois catégories de mâles qui sont fréquentes chez les labridés et les gobiidés, la compétition est telle que les dominants (qualifiés parfois de « bourgeois ») assurent une part importante des fécondations et obtiennent généralement des taux élevés de paternité. Cependant, des études génétiques prouvent que les deux autres catégories de mâles participent plus ou moins effectivement aux fécondations et assurent une part non négligeable des paternités, ce qui garantit une certaine diversité génétique au sein des populations.

Une faveur des grands mâles

Chez le **labre ocellé** *(Symphodus ocellatus)*, les mâles satellites adoptent une stratégie de coopération avec les grands mâles nidificateurs : ils les aident à chasser les *sneakers*. Cette coopération favorise le comportement de cour des mâles nidificateurs et améliore leurs succès reproductifs. Inversement, des expériences d'élimination des mâles satellites se traduisent par un accroissement des phénomènes de chapardage par les *sneakers* et par une diminution des taux de paternité des grands mâles. Pour les mâles satellites, la coopération a aussi du bon : ils sont « récompensés » de leurs « bons et loyaux services » en étant « tolérés » par les grands mâles qui leur permettent même d'avoir accès aux femelles. Une grande faveur…

Une telle « coopération » évite aux grands mâles de s'épuiser à concurrencer, à la fois, les deux autres catégories de rivaux. Mieux vaut coopérer que de devoir lutter « sur tous les fronts » (41). On a toujours besoin d'un plus petit que soi… À moins que les mâles nidificateurs ne soient victimes d'une tromperie par les mâles satellites : « cachant leur jeu », ces derniers utiliseraient un comportement coopératif comme « subterfuge » pour mieux « cocufier » leurs maîtres (11)…

20. AMOURS...

COPIÉS

Une éducation sexuelle chez les poissons

L'image que donnent les poissons ne doit pas se limiter à l'idée (fausse) qu'ils ne sont mués que par l'instinct : celui qui les conduit à se comporter de façon stéréotypée en répétant des actes « robotisés » restreints par « quelques secondes de mémoire ». Ils peuvent, en effet, en de multiples occasions, démontrer une flexibilité comportementale qui dépend, à la fois, de leur propre « expérience » personnelle et de l'« éducation » qu'ils ont reçue au contact de leurs congénères. S'ajoutant à des réactions innées, un grand nombre de leurs décisions (comment se nourrir, se protéger des prédateurs, trouver un partenaire sexuel, comment le séduire, maximiser le succès des fécondations...) découlent des informations transmises par des « démonstrateurs ». Les congénères naïfs et inexpérimentés qui ont été à l'écoute et ont mémorisé les « leçons » apprises réussiront mieux. Malheur aux mauvais élèves !

Copiage et apprentissage

Si un tel apprentissage concerne avant tout les jeunes poissons inexpérimentés, qui copient les comportements des « anciens », le « copiage » intéresse aussi les adultes. Utilisant divers signaux visuels, olfactifs, auditifs, tactiles ou électriques… qu'ils sont capables de mémoriser, les géniteurs des deux sexes savent imiter des comportements observés lors d'interactions avec des congénères qui leur servent de « modèles », comme une « information publique » en quelque sorte. Des processus de « renforcement de stimulation », de « facilitation sociale », d'imitation de postures corporelles et de copiage sont expérimentalement démontrables. Les poissons apprennent ainsi à rechercher et à séduire des partenaires sexuels, à s'accoupler, à construire des nids de ponte, à pratiquer des soins parentaux… L'apprentissage des poissons ne se résume cependant pas à un simple copiage. Leurs comportements sont capables de varier en fonction des situations changeantes de leur environnement, tant physique (température, lumière, salinité, taux d'oxygène…) que social (présence de congénères de même sexe ou de sexe différent ou de prédateurs).

Par exemple, la probabilité qu'une femelle de **guppy** *(Pœcilia reticulata)* s'accouple avec un mâle particulier augmente considérablement si elle a précédemment observé une autre femelle en train de s'accoupler avec ce mâle. Celles qui participent à un banc ont davantage d'opportunités d'observer leurs congénères les plus proches, ce qui facilite le copiage social d'un modèle qui se propage de proche en proche. Un tel copiage est un processus évolutif rapide si l'on en croit le cas du **molly américain** (*Pœcilia formosa)*: ses femelles copient les comportements d'autres femelles des espèces *P. mexicana* et *P. latipinna* en s'accouplant avec les mâles de ces espèces vivant en sympatrie* avec elle. Or

P. latipinna a été introduite au Mexique en 1930 et *P. formosa* vingt ans plus tard, ce qui correspond à environ 150 générations. Les femelles du molly américain ont vite appris.

Des effets de mode positifs

Les femelles choisissent préférentiellement des « mâles à succès » comme partenaires. Par exemple, une femelle de guppy a tendance à copier le comportement de choix d'un « modèle coloré », puis à répéter ce choix vis-à-vis de tous les mâles semblablement colorés, devenus « des mâles à succès ». Ce fait a des conséquences génétiques importantes : il généralise, au sein de la population, la préférence pour un type de mâle donné, surtout s'il représente des caractères (un phénotype*) nouveaux (60). L'utilisation de l'information publique « mâles à succès » a valeur d'héritage social et de transmission culturelle dans la population. Elle bénéficie aux femelles en réduisant leur coût de recherche d'un partenaire et en limitant leurs échecs. Ainsi, les petites femelles de guppy tendent à copier le comportement de leurs grandes congénères et jamais celui des petites, ce qui permet à ces jeunes d'éviter de s'accoupler avec des mâles infestés par des parasites ou porteurs de maladies transmissibles. La sagesse des anciennes ! Toutefois, certaines femelles frondeuses, peu sensibles aux « effets de mode », refusent de se conformer au « goût général » en vogue dans la population. Grâce à leur indépendance de choix, elles créent de la diversité génétique.

Condamnés à un échec amoureux ?

Les mâles, de leur côté, ont acquis une expérience sociale et se révèlent de « bons amants » s'ils ont été élevés, jeunes, en présence d'autres mâles qui leur ont appris à courtiser les femelles. Au contraire, les individus élevés en l'absence de congénères mâles ne savent pratiquer que des copulations forcées et violentes ou même ne savent que courtiser d'autres mâles (47). Cependant, quand ils sont observés par des rivaux, des mâles peuvent refuser de jouer les éducateurs : ils cessent de montrer leurs préférences sexuelles pour les grandes femelles et ne les dévoilent à nouveau qu'après que les « voyeurs » ont disparu (23).

On peut même distinguer des « niveaux d'éducation » chez certaines espèces. Les mâles du **cichlidé** du lac Tanganyika *Neolamprologus pulcher* ont des comportements sexuels qui diffèrent selon qu'ils ont été élevés ou pas dans des groupes sociaux à fortes performances en matière de compétition sexuelle et d'élevage des jeunes. Une « expérience sociale » précoce, impliquant des contacts tactiles avec leurs parents ou avec leurs frères et sœurs, a des conséquences sur leur comportement d'adultes.

Des poissons élevés en l'absence de relations sociales sont-ils pour autant condamnés à mal se reproduire ? Des expériences menées sur des mâles de **guppys** isolés de leurs congénères pendant leur développement, durant plus de 6 semaines, ont montré qu'ils présentaient un léger retard dans leur comportement de cour et d'accouplement par rapport à des homologues « bien éduqués ». Néanmoins, en moins de 30 minutes, ils étaient capables de s'accoupler, d'autant plus vite qu'ils étaient entourés de femelles, comme si les stimuli sexuels induits par celles-ci « réveillaient » en eux des « aptitudes innées ». Des autodidactes ? Chassez le naturel, il revient au galop !

21. AMOURS...

COURTOIS

Les jeux de la séduction

Les femelles des très nombreuses espèces de poissons qui sélectionnent leur partenaire d'accouplement le font à partir de critères physiques : la taille, la couleur ou diverses caractéristiques anatomiques (nageoire adipeuse, crête céphalique, épée, gonopode...) (69). Toutefois, le choix de ces attributs attractifs n'est pas toujours récompensé car ces mâles, grands, forts, colorés, dotés de caractères qui faisaient leur charme apparent se révèlent souvent peu romantiques, brutaux et même violents à leur égard (75). Les femelles optent alors pour des critères susceptibles d'être plus fiables : les comportements de cour de leurs partenaires. Les mâles de nombreuses espèces, qui le savent bien, se comportent, en effet, en courtisans. Les « jeux de la séduction » justifient la pratique de « parades » plus ou moins complexes et sophistiquées (nage en 8, mouvements sigmoïdes, en zigzag, de balancement, frétillements, tremblements, frôlements...) qui traduisent un réel « effort d'imagination » de la part des mâles.

Chez le **porte-épée rayé** *(Xiphophorus multilineatus)*, les femelles sont confrontées à deux catégories de partenaires potentiels : des petits mâles non courtisans qui cherchent, par des comportements d'approche furtive, à voler des fécondations en évitant de se faire repérer par les grands mâles qui les dominent et, en les chassant, les réduisent à un statut inférieur de dominés (2). La catégorie de mâles dominants est d'autant plus attractive pour les femelles que ces mâles, outre des caractères avantageux concernant leur taille (et celle de leur épée !), pratiquent des mouvements de nage autour d'elles ayant valeur de comportement de cour… Leur succès reproductif est d'autant plus élevé que les femelles sont moins jeunes et moins naïves, réclamant de leurs prétendants un effort de conviction et une démonstration de plus de romantisme. Courtisez, courtisez encore, courtisez sans relâche, il en restera toujours quelque chose…

22. AMOURS... DIFFICILES

Désillusions amoureuses

L'accouplement, chez les poissons, n'est pas toujours de tout repos. Deux exemples, parmi d'autres.

Le **cichlidé « mangeur d'écailles »** *(Perissodus microlepis)* du lac Tanganyika ne s'accouple qu'avec des partenaires « assortis ». Il existe en effet un « dimorphisme latéral » entre des individus gauchers et des individus droitiers, 50 % des mâles possédant un organe copulateur tourné vers la gauche et 50 % tourné vers la droite, l'orifice génital des femelles étant situé, dans un rapport 50-50, sur le flanc droit ou sur le flanc gauche. Les femelles « droitières » ne s'accouplent avec succès qu'avec des mâles « droitiers » et les « gauchères » font de même avec les « gauchers ». L'absence d'individus à morphologie intermédiaire et l'existence, dans une même population, d'individus exclusivement gauchers ou droitiers prouvent qu'il n'y a pas d'accouplement possible entre les deux « morphes » et que tous les accouplements se pratiquent invariablement entre formes

Le mâle dominant du lamprologue *(Lamprologus pulcher)* qui, en raison de sa trop grande taille, demeure à l'extérieur de la coquille de gastéropode abritant une femelle accompagnée de petits mâles. La compétition spermatique entre le grand mâle et ces *sneakers* est souvent à l'avantage de ces derniers...

présentant la même latéralité. Il n'y a aucune place pour une quelconque fantaisie sexuelle. Tout géniteur un peu distrait ou mauvais observateur, lorsqu'il courtise une partenaire, s'expose à de grandes désillusions. Il convient d'avoir l'œil bien exercé...

Le mâle du **lamprologue** *(Lamprologus pulcher)* est de si grande taille qu'il ne peut pénétrer dans les coquilles des gastéropodes dans lesquelles les femelles déposent leurs ovocytes (Figure). Il est donc contraint d'éjaculer à l'extérieur, au niveau de l'orifice de la coquille. Son sperme, qui pénètre à l'intérieur de cette coquille, entre alors en compétition avec celui des *sneakers* qui profitent de leur petite taille pour pénétrer dans la place sans risque d'en être chassés. La taille, avantage majeur pour un mâle, se révèle ainsi un handicap (42). Une impossibilité de promiscuité avec sa compagne, et des amours « à distance »...

23. AMOURS...

DISCRETS

Do not disturb!

Si les ébats amoureux de nombreuses espèces ont lieu « sur la place publique », tous les géniteurs étant réunis en plus ou moins grand nombre (4, 40), certains poissons se montrent beaucoup plus discrets, recherchant des sites cachés qui les dissimulent, à la fois, au regard des autres et à celui des prédateurs. Les « effets-spectateurs » ont en effet des conséquences négatives sur le succès des accouplements.

Lorsqu'un mâle de **guppy** *(Pœcilia reticulata)* est interrompu dans sa cour par la présence d'un autre mâle, il tente de chasser l'importun, ce qui conduit la femelle à ne plus vouloir s'accoupler. Ce comportement varie en fonction de la structure de l'habitat. La présence de barrières visuelles, telles que des rochers, des herbiers, réduit les risques d'interactions entre les mâles, diminue la compétition et les agressions entre eux, améliore l'intimité des couples et augmente les réponses favorables des femelles aux sollicitations des mâles. L'amour derrière les rideaux, dans des alcôves, toutes portes closes...

Toujours à l'écoute des contraintes sociales environnementales, le mâle de l'**épinoche commune** *(Gasterosteus aculeatus)* adapte également son comportement de cour aux situations ambiantes. Lorsqu'il est caché de la vue d'un rival, il effectue une cour plus assidue, plus intense et plus longue que s'il est exposé à la présence d'un congénère de même sexe. Dans ce cas, il est contraint de chasser ce rival potentiel, ce qui lui laisse moins de temps à consacrer à la femelle qu'il convoite. Le micro-environnement que constitue l'intérieur du nid de ponte confectionné par le mâle (62) offre en outre un autre avantage : il réduit la dispersion des spermatozoïdes éjaculés et accroît, de ce fait, les possibilités de fécondations.

24. AMOURS… DURABLES

Des monogames fidèles

Les couples amoureux sont-ils durables ou bien fugaces ? Une grande diversité de situations se rencontre selon les espèces animales, les unes étant fidèles, d'autres volages, certaines monogames*, d'autres polygames…

La monogamie est un mode de vie sexuelle assez rare dans le règne animal. Chez les vertébrés, elle est surtout fréquente chez les oiseaux, les rongeurs et les primates. Elle est considérée comme un « mode par défaut », la résultante d'un environnement social qui ne favorise pas la polygamie. Les deux sexes seraient énergétiquement incapables de défendre plus d'un partenaire ou manqueraient des ressources destinées à en attirer de multiples. Chez les poissons osseux (Téléostéens), des espèces appartenant à 25 familles sont plus ou moins monogames*. Plus fréquente chez les espèces d'eau douce, la monogamie est plus rare chez les poissons marins et dure rarement plus d'une saison de ponte. En mer, l'amour à plus de deux, c'est mieux…

Les tentations de la polygamie

La sexualité des **syngnathidés** se caractérise, chez certaines espèces et dans certaines circonstances sociales, par une monogamie durable en couples. Ainsi, le syngnathe *Corythoichthys haematopterus* de l'Indo-Pacifique forme un couple qui se reproduit périodiquement une dizaine de fois au cours de la saison de ponte, avec des intervalles de un à deux jours entre deux couvaisons par le mâle. Le couple perdure pendant toute la vie. Pourtant, le nombre des femelles étant supérieur à celui des mâles et de nombreuses femelles ne trouvant pas de partenaire, les occasions qui s'offrent aux mâles de convoler avec de multiples femelles ne manquent pas. Le changement de partenaire au profit d'une femelle de plus grande taille serait profitable au succès reproductif des mâles puisque la taille et le nombre des œufs pondus sont corrélés à la taille des femelles (7).

Être fidèle par sécurité…

Malgré un tel avantage potentiel, les mâles restent indéfectiblement fidèles à leur compagne. L'explication est à rechercher dans le fait que le coût d'un changement de partenaire serait trop important. Un délai de 8,5 jours minimum serait nécessaire pour que la « nouvelle élue » soit sexuellement mûre et capable de pondre. Considérant que l'intervalle normal entre deux cycles de ponte est de un à deux jours, une certaine perte de temps s'ensuivrait, qui réduirait d'environ 10 % le nombre des cycles reproductifs naturels au cours d'une année. La plupart des individus ne vivant qu'entre un et trois ans et ne se reproduisant parfois qu'une seule fois dans leur vie, la monogamie est l'assurance de réaliser le maximum de cycles de reproduction dans ce laps de temps. De plus, un mâle à la recherche d'une nouvelle partenaire modifie son comportement : il quitte son mode de vie benthique* et cryptique* pour se déplacer dans la colonne d'eau où il devient vulnérable aux prédateurs. La polygamie a ses dangers et la sécurité réside dans une vie conjugale bien rangée qui l'emporte sur le coût lié à des aventures amoureuses à risques. Les mâles seraient donc fidèles plus par crainte que par devoir…

… ou par coopération

Chez le **cichlidé zébré** *(Archocentrus nigrofasciatus)* des Grands Lacs africains, qui est monogame*, règne souvent une forte compétition entre les mâles et entre les femelles. Elle a conduit les uns et les autres à manifester des comportements agressifs vis-à-vis de leurs rivaux. Cependant, lorsque les deux partenaires sont parvenus à faire leur choix et se sont unis, ils demeurent fidèles l'un à l'autre et forment alors un couple monogame qui coopère lors des comportements de cour, de défense du territoire de ponte et du choix du nid pour les œufs. Les femelles font souvent preuve d'une plus grande fidélité que les mâles, ceux-ci manifestant quand même une préférence d'accouplement avec la femelle qu'ils ont sélectionnée et qu'ils courtisent durablement. L'énergie ainsi économisée par les femelles peut être investie dans la production d'ovocytes et le gardiennage (62).

Lorsque la compétition avec les autres mâles tend à diminuer, les femelles demeurent indéfectiblement monogames en économisant leurs forces et en demeurant fidèles à leur mâle préféré. Là aussi, les avantages obtenus par une stabilité de leur couple contrebalancent le coût d'une séparation suivie d'une nouvelle recherche d'un partenaire. Leurs compagnons attitrés font d'ailleurs tout ce qu'ils peuvent en matière de comportement de cour pour inhiber chez elles toute tentative d'émancipation. En revanche, certains mâles, en raison de leur fort potentiel reproductif, prennent davantage de liberté, se laissant souvent tenter par la bigamie. Leur fidélité est plus labile… Ils peuvent même, succombant à de multiples tentations, devenir polygames. La chair est faible, dit-on…

La perfection en termes de pérennité du couple durable est incarnée par les poissons-pêcheurs (cératiidés) qui réalisent une « fusion » parfaite et définitive (37).

25. AMOURS...

ÉCHANGISTES

Un « vagabondage sexuel » intensif

Les géniteurs des deux sexes du **crénilabre méditerranéen** *(Symphodus melanocercus)* vivent séparés et ne se rejoignent qu'au moment de la reproduction. Aux premières heures du jour, peu après le lever du Soleil, les mâles effectuent des parades nuptiales (nage frétillante, en rond...) pour séduire les femelles, mais l'accouplement avec chacune d'elles est rapide et fugace, réduit à une libération conjointe des gamètes qui se renouvelle de 10 à 50 et jusqu'à 90 fois par heure, avec des femelles différentes. Ces « partenaires d'un matin » sont des « partenaires d'un instant »...

26. AMOURS… ÉLECTRIQUES

Pas d'étincelles mais des coups de foudre

Dans les marais africains et américains, dans lesquels la communication visuelle est difficile en raison de l'opacité des eaux, certains poissons, dits « faiblement électriques », tels les **mormyres** et les **gymnotiformes** communiquent grâce à des signaux émis par leur « organe électrique » fait de muscles modifiés devenus « électrogènes ». Leur communication électrique (ou « électro-communication ») repose sur la production et la réception de décharges électriques de fréquences spécifiques séparées par des intervalles de durée variable. Elle alterne des signaux à intervalles brefs (8-11 millisecondes) et des signaux à intervalles longs (16-100 millisecondes). Un sixième sens…

Maîtriser le brouillage électrique

En période de reproduction, les signaux ont une fréquence très spécifique qui fournit des indications précises quant au sexe de leur émetteur. Par exemple, chez le **poisson-couteau** *(Apteronotus leptorhynchus)*, les femelles envoient des signaux à une fréquence de 600-800 Hertz* (Hz) tandis que ceux des mâles sont à 800-1 000 Hz. De plus, les fréquences d'émission sont dépendantes de la taille des mâles, ce qui permet aux femelles d'identifier les plus grands et les plus vigoureux d'entre eux. Lorsque le « dialogue électrique » risque d'être troublé par la présence de plusieurs mâles qui émettent leurs signaux dans un même habitat et créent des interférences rendant ambiguës les informations véhiculées, ces poissons modifient les fréquences produites afin de les décaler par rapport à celles de leurs congénères perturbateurs et d'éviter ainsi un « brouillage électrique ».

Chez une espèce voisine *(Brachyhypopomus gauderio)*, parallèlement à un accroissement de l'activité électrique durant la période de reproduction, le nombre de neurones cérébraux augmente, en particulier ceux du *nucleus*, qui fonctionne comme un *pacemaker*. Une telle prolifération neuronale (de trois à sept fois) favoriserait leur électro-communication. Tout dans la tête…

27. AMOURS...
EMPÊCHÉS

Rivaux et prédateurs

La période des amours est un moment trop important pour supporter d'être troublée par des perturbateurs (23). Trois types d'interventions extérieures sont susceptibles de provoquer une interruption des comportements de cour et des accouplements : la présence de simples voyeurs, de rivaux « voleurs de fécondation » *(sneakers)* et de prédateurs.

Les mâles du **molly mexicain** *(Pœcilia mexicana)* ne supportent pas la présence, dans le voisinage de leurs couples, d'autres mâles qui sont des rivaux potentiels. La seule vue d'un congénère compétiteur (« effet-spectateur ») affecte l'expression de leurs préférences sexuelles. Ils partagent alors leur attention entre des femelles « moins intéressantes » au détriment des plus grandes qu'ils avaient initialement choisies et les mâles compétiteurs avec lesquels ils entretiennent des interactions agressives. Une dégradation de leurs préférences affectives.

L'amour ou la guerre ? Il faut choisir…

Les mâles et les femelles des **telmathérinidés** des lacs indonésiens sont réunis en grand nombre sur leurs frayères : jusqu'à 400 et parfois même 1 000 individus des deux sexes sur une surface d'un mètre carré. La compétition est très forte entre les mâles. Certains d'entre eux, tout en écartant les rivaux par des mouvements de poussée flanc à flanc, parviennent à maintenir leurs comportements de cour assidue, effectuant des cercles autour des femelles convoitées et s'accouplant avec elles. La plupart ne pratiquent aucune cour, deviennent très agressifs, se livrant des combats violents accompagnés de morsures et manifestent un fort cannibalisme des œufs de leurs congénères.

Les femelles du **poisson-zèbre** *(Danio rerio)*, lorsqu'elles se trouvent en compétition sexuelle avec d'autres femelles dont elles perçoivent les phéromones* sexuelles (stéroïdes, prostaglandines*), cherchent à éviter leur présence en produisant, à leur tour, des phéromones destinées à inhiber leur reproduction. Toutefois, leur comportement d'accouplement ainsi que leur propre fécondité en sont affectés : celles qui sont exposées pendant 4 jours à des phéromones d'autres femelles pondent moins d'œufs que celles qui demeurent isolées. Les méfaits de la jalousie ?

Le risque de prédation conduit aussi à des changements de comportement. Par exemple, lorsque la pression de prédation est élevée, les femelles du **guppy** *(Pœcilia reticulata)* sont moins réceptives aux signaux colorés émis par les mâles (13). Elles portent leurs préférences sur des mâles aux livrées plus ternes, ce qui contraint les mâles à réduire leur comportement de cour et à déployer des efforts plus coercitifs afin de réussir leurs accouplements (12). De même, les mâles du **poisson-demoiselle**

(Stegastes partitus) de Floride, préoccupés de la sécurité de leur progéniture à venir, réduisent leur activité de cour en présence d'un labridé mangeur d'œufs.

28. AMOURS... EMPOISONNÉS

Imposteurs endocriniens

Les poissons ont, pendant 350 millions d'années, eu « la chance » de vivre dans des milieux naturels qui n'étaient troublés que par des événements naturels plus ou moins catastrophiques : cyclones, inondations, retombées de cendres volcaniques, changements climatiques (les glaciations du Quaternaire accompagnées de modifications du niveau marin et de la circulation des eaux fluviales...). Quelque draconiens qu'aient été ces événements, les populations de poissons sont généralement parvenues à survivre en « s'adaptant » et en évoluant au gré des modifications physico-chimiques de leur environnement.

La présence de l'Homme a, depuis quelques milliers d'années mais surtout depuis quelques décennies, radicalement changé leur environnement : aménagements des berges, construction de barrages, creusement de canaux, rejet d'effluents thermiques, acidification des eaux, diminution de leur taux d'oxygène, polluants, transferts et introductions d'espèces… Toutes ces modifications d'origine anthropique ont considérablement perturbé les habitats des poissons et affecté, à des degrés divers, toutes leurs fonctions vitales et, en particulier leur reproduction. En voici quelques exemples.

Des altérations d'origine chimique

Le perchlorate, utilisé notamment dans certains herbicides et désinfectants, contamine, par exemple, les Grands Lacs nord-américains et beaucoup d'autres systèmes aquatiques dans le monde. Très soluble dans l'eau où il persiste plusieurs décennies, il est considéré comme un perturbateur endocrinien : il perturbe la sexualité des espèces, par exemple de l'**épinoche commune** *(Gasterosteus aculeatus)*, en altérant l'activité d'une enzyme, l'aromatase, dans leur cerveau et en masculinisant de ce fait les gonades des femelles. Celles-ci adoptent alors le comportement des mâles en présence de femelles gravides : agressions avec morsures, danse de cour en zigzag ; elles deviennent même capables de construire des nids. Toutefois, leur « savoir-faire » demeure limité : elles créent des dépressions de nidification trop peu profondes, garnies de fibres végétales mal engluées d'un mucus sécrété par leurs reins, la spiggine, par comparaison au nid douillet que construisent les mâles (62). Le perchlorate est également responsable d'une hypertrophie testiculaire des mâles.

D'autres perturbateurs endocriniens ont des propriétés œstrogéniques. Ils sont fréquemment libérés dans les effluents industriels et urbains, contaminent souvent gravement fleuves et rivières. Ils copient les messagers chimiques œstrogéniques naturels tel le 17β-œstradiol qui contrôle le développement normal et la maturation des ovaires des femelles de poissons et induit leur maturation sexuelle et leur comportement de ponte. Ils se lient alors aux récepteurs œstrogéniques des cellules ovariennes et s'opposent aux effets des œstrogènes naturels.

Pour cette raison, des **cyprinidés** du fleuve St-Laurent, qui ont été au contact de composés isoflavonoïdes provenant d'usines de traitement de pâte à papiers, ou des eaux de traitements de végétaux (soja, luzerne...) et d'effluents de pratiques agricoles riches en phyto-œstrogènes (isoflavones, coumestans et lignans), présentent des anomalies sexuelles. En aval des stations d'épuration des villes, les effluents urbains contiennent généralement de l'éthynyl-œstradiol (un œstrogène de synthèse : le distilbène) provenant des pilules contraceptives utilisées par les femmes et libéré dans leurs urines. Ces « faux messages hormonaux » provoquent aussi chez les mâles la synthèse d'une protéine de transport de substances de réserve de l'œuf, la vitellogénine, normalement produite seulement par le foie des femelles. Ils induisent des troubles anatomiques : involution testiculaire, développement ovarien parallèle aboutissant à une situation d'intersexualité. Des poissons victimes de notre planning familial...

Diverses autres substances chimiques d'origine anthropique sont des perturbateurs endocriniens. Les **gambusies** *(Gambusia affinis)* sont ainsi victimes d'une masculinisation consécutive à un stress hormonal dû au bisphénol A (BpA) contenu dans les plastiques alimentaires. Les femelles du **poisson-zèbre** *(Danio rerio)* subissent une masculinisation par suite de leur exposition au dibutyltine (DBT), utilisé dans l'industrie des plastiques. Expérimentalement, les mâles du **cyprin américain** *(Cyprinella lutrensis),* lorsqu'ils sont traités par du BpA, font davantage la cour aux femelles d'une espèce voisine, *C. venuste,* plutôt qu'à celles de leur espèce : leurs livrées ayant perdu leurs couleurs caractéristiques, les femelles se trompent de partenaires spécifiques, d'où une augmentation des risques d'hybridation et, par voie de conséquence, de perte d'originalité génétique de chacune des espèces.

Altérations d'origine physique

Les effets du Changement global, qui se traduisent par une augmentation de la température et une acidification des eaux, sont particulièrement négatifs pour les salmonidés, des poissons classiquement classés comme « sténothermes* d'eau froide ». Ainsi, les **saumons rouges du Pacifique** *(Oncorhynchus nerka)* subissent, dès que la température atteint 19 °C, une mortalité excessive (parfois supérieure à 90 %) au cours de leur migration vers les frayères dans la rivière Fraser, en Colombie Britannique. Les mâles sont moins affectés que les femelles, celles-ci étant davantage « immuno-vulnérables » aux divers agents pathogènes (maladies, parasites) rencontrés dans ces eaux réchauffées... Stressées et immunodépressives, celles-ci s'engagent précocement dans les eaux douces lors de leur migration anadrome alors que la température dépasse de 3 à 6 % les températures jugées « historiquement normales ». Un réchauffement climatique responsable d'amours contrariés...

29. AMOURS...
ÉROTIQUES

L'art des fantaisies sexuelles

Chez les poissons, des informations tactiles peuvent circuler entre les partenaires des deux sexes lors d'un contact physique direct. Des frôlements, des caresses et parfois des « corps à corps » accompagnent certaines parades nuptiales et constituent des stimuli préliminaires de l'accouplement et de la ponte. Ils participent à la synchronisation de l'émission des ovocytes et de la semence, en pleine eau, dans les voies génitales des femelles ou dans la « poche d'incubation » ou *marsupium*, des mâles après une copulation, afin d'assurer le succès des fécondations. Ces poissons savent donc être cajoleurs et ne dédaignent pas les « jeux de l'amour » ! Mais que savons-nous de la représentation érotique de leurs « jeux sexuels » ?

Le mâle de l'ombre *(Thymallus thymallus)* courtise une femelle en la recouvrant de sa grande nageoire dorsale.

Des simples « câlins »…

Des « contacts épidermiques » sont fréquents chez les espèces d'eau douce comme le **brochet** *(Esox lucius)*, la **carpe** *(Cyprinus carpio)*, le **gardon** *(Rutilus rutilus)*. Leurs mâles frôlent de façon prolongée les flancs et le dos de leurs partenaires. Celui du **poisson rouge** *(Carassius auratus)*, comme ceux de nombreux autres cyprinidés, possède, sur sa tête, des « boutons nuptiaux » ou « protubérances de fraye » qu'il frotte sur les flancs de ses partenaires femelles en préalable à l'accouplement. Des effleurements, même subliminaux, sont souvent suffisants pour que les femelles deviennent consentantes aux offres d'accouplement. Le mâle de l'**ombre** *(Thymallus thymallus)* recouvre quant à lui le corps de la femelle de sa grande nageoire dorsale, dans une posture affectueuse et protectrice, comme pour mieux l'enserrer d'une véritable étreinte amoureuse (Figure). De la sensualité ?…

… aux étreintes torrides…

Chez des cichlidés africains **mbunas** comme *Tropheus moori*, le mâle possède, sur sa nageoire anale, des taches colorées imitant des œufs : des *egg-spots*. La femelle, qui a déposé ses ovocytes sur le substrat, les prend en bouche tandis que le mâle lui présente sa nageoire anale (Figure). Celle-ci la touche avec sa bouche, et ce contact bucco-tactile déclenche l'éjaculation du sperme et la fécondation intrabuccale des ovocytes.

Le mâle du cichlidé *Tropheus moori* du lac Malawi possède une nageoire anale ornementée de taches jaunes imitant des œufs. Ces *egg-spots* sont attractifs pour les femelles qui pratiquent une incubation buccale des œufs.

Les deux partenaires de la **loche de rivière** *(Cobitis taenia)* se serrent étroitement l'un contre l'autre, s'enlacent et s'étreignent longuement, le mâle s'enroulant autour du corps de la femelle, postérieurement à sa nageoire dorsale, leurs orifices génitaux intimement rapprochés. Cette position

Un couple de loches de rivière *(Cobitis taenia)*: le mâle s'enroule autour du corps de la femelle de façon à positionner leurs orifices génitaux en étroite proximité au moment de l'émission synchrone des ovocytes et du sperme.

favorise la synchronisation de l'émission des produits génitaux par les deux partenaires et donc le succès des fécondations. Les flancs de la femelle conservent, pendant quelques semaines, des « marques d'accouplement » qui servent aux ichtyologistes à déterminer la période de reproduction de cette espèce aux amours particulièrement discrets (Figure).

... et à la frénésie sexuelle

Les mâles du **guppy** sont pourvus, comme tous les pœciliidés, d'un organe copulateur, le gonopode, qui sert à inséminer les femelles. Les petits mâles *sneakers* sont capables de tenter plusieurs copulations par minute, leurs « poussées de gonopodes » dans l'orifice génital des femelles étant responsables d'un harcèlement sexuel qui nuit à la santé des femelles (12, 16). À l'évidence, il n'y a pas que les singes bonobos (et certains humains !) qui soient obsédés par le sexe...

Plus inventives, les femelles de certains **poissons-chats callichthyidés** comme *Hoplosternum littorale* pratiquent un *sperm drinking*: elles ingèrent le sperme éjaculé par le mâle et le recrachent sur les ovocytes fraîchement émis dans le nid, qui sont ainsi fécondés. Chez le **poisson-chat** *Corydoras aeneus*, le sperme avalé par les femelles traverse, intact, leur tube digestif pour ressortir par l'anus et féconder les ovocytes retenus dans une poche ventrale postérieure formée par leurs nageoires pelviennes. Les œufs sont ensuite déposés sur des végétaux.

Le summum de la volupté est-il atteint lorsque les géniteurs, parvenus à l'optimum des excitations sexuelles réciproques, libèrent conjointement leurs gamètes? Aucun soupir, ni aucun cri de jouissance ne peut en témoigner… Tout au plus, les mâles de salmonidés (truites, saumons, ombles…) sont-ils agités, au moment de l'éjaculation, de vibrations et ouvrent grande leur bouche dans une sorte d'extase…, à moins que ce ne soit, à défaut d'un orgasme, parce qu'ils sont, plus prosaïquement, à la recherche… d'un deuxième souffle. Le septième ciel des poissons?

30. AMOURS…
ÉTINCELANTS

Les feux de l'amour

De quelles scènes amoureuses les milieux océaniques profonds sont-ils les témoins ? Là, règne une obscurité totale. La bioluminescence* constitue le seul moyen qu'ont les organismes de communiquer visuellement. Cette communication peut être défensive afin d'éloigner des prédateurs, ou attractive pour piéger des proies et sélectionner des partenaires sexuels. Un « dimorphisme de bioluminescence » a alors valeur de caractère sexuel secondaire et joue un rôle important dans l'identification et l'attraction des partenaires d'accouplement.

Les lucioles des océans

Les **poissons-lanternes**, les **poissons-pêcheurs** et les **poissons dragons** des environnements abyssaux possèdent des structures spécialisées et originales productrices de « lumière

La femelle de poisson-pêcheur *Linophryne* sp. émet, dans l'obscurité totale des fonds abyssaux, des flashs bioluminescents afin d'attirer vers elle des petits mâles, deux d'entre eux étant déjà fixés sur sa face ventrale.

biologique ». Les différences de distribution de taille et d'intensité lumineuse des organes luminescents sont très spécifiques et sont considérées comme autant de signaux sexuels spécialisés permettant à chaque espèce de reconnaître les siens en favorisant les rencontres qui sont d'autant plus difficiles que les densités de peuplement sont très faibles.

Chez les **poissons-pêcheurs**, les femelles, comme celles de *Linophryne* sp., possèdent un bulbe lumineux dénommé esca qui contient des bactéries symbiotiques, un pore d'ouverture à l'extérieur et des réflecteurs lumineux (Figure). Elles utilisent leurs « leurres lumineux » pour attirer les mâles qui viennent se fixer définitivement sur elles (37). Les **poissons-dragons**, tel *Stomias* sp., possèdent des structures lumineuses, des photophores, distribués à la surface du corps, dont la production de lumière n'est pas d'origine bactérienne mais chimique. Ils émettent des flashs lumineux invariablement bleus (sauf chez *Aristostomias* et *Malacosteus* où ils sont rouges) et sont visibles à distance par les partenaires sexuels en quête de rencontres.

Leurres sacrificiels

Les **poissons-lanternes** tels que *Myctophum* sont parés quant à eux d'une grande diversité de photophores marquant un net dimorphisme sexuel : disposés à la base de la queue, ils sont plus développés chez les mâles que chez les femelles. D'autres, tel *Diaphus*, possèdent des photophores céphaliques. Ils permettent un « dialogue bioluminescent » entre les sexes. Chez *Tarletonbeania crenularis*, le nombre de mâles et de femelles est égal dans les captures par des filets de pêche. En revanche, l'estomac des thons albacores contient essentiellement des mâles qui, seuls, possèdent des organes caudaux luminescents dont les flashes lumineux émis attirent les prédateurs. Les mâles s'offriraient-ils en sacrifice aux prédateurs afin d'épargner la vie des femelles ? Ce serait là le comble de l'altruisme ou de… l'héroïsme !

31. AMOURS...

EXOTIQUES

Séduire les « belles étrangères »

Alors que les femelles s'emploient à privilégier des accouplements de qualité avec les mâles de leur propre espèce (56), au profit des meilleurs d'entre eux (69), il est fréquent que les mâles se comportent en « coureurs de jupons » et en « bêtes de sexe » invétérées. Ils fixent leur choix sur toutes sortes de femelles et privilégient celles qui leur apparaissent non familières (60). De telles amours exotiques peuvent se révéler préjudiciables au maintien de la pureté génétique de l'espèce et de la population (48). Elles sont, en revanche, favorables à un accroissement des mélanges de gènes entre populations ou espèces différentes.

Les introductions d'espèces nouvelles dans les habitats naturels, tels qu'ils résultent de pratiques humaines de repeuplement et d'amélioration du potentiel halieutique des cours d'eau, fournissent aux mâles indigènes des occasions de rencontres amoureuses avec « de belles étrangères ». Ainsi, des hybridations sont fréquentes entre salmonidés, soit entre des truites, soit entre des truites et des saumons. La **truite marbrée** *(Salmo marmoratus)*, endémique de la rivière Soča, en Slovénie, a été menacée de disparition, suite à des repeuplements intensifs de cette rivière par des **truites brunes** *(Salmo trutta)* avec lesquelles elle s'accouple naturellement. Une tentative de préservation de cette espèce originale a été entreprise en mettant un terme à cette « pollution génétique » par une politique de repeuplement impliquant exclusivement des truites marbrées.

De même, aux États-Unis, des hybridations entre des **truites arc-en-ciel** *(Oncorhynchus mykiss)* introduites dans des cours d'eau peuplés de **truites fardées** natives (*O. clarkii)* ont provoqué une dépression génétique des truites indigènes dont les succès reproductifs ont chuté parfois de 50 %. En Méditerranée orientale, **l'aphanius « de Corse »** *(Aphanius fasciatus)*, un petit **cyprinodontidé**, a disparu en raison des hybridations consécutives à des accouplements avec **l'aphanius d'Arabie** *(A. dispar)*, initialement originaire de la mer Rouge. Du danger de certains métissages…

32. AMOURS… EXPÉRIMENTÉS

Se méfier des éphèbes

Les femelles du **porte-épée panuco** *(Xiphophorus nigrensis)* manifestent naturellement une nette préférence d'accouplement avec les mâles les plus grands (69). Les plus grandes, plus âgées, qui possèdent un « vécu sexuel » au cours duquel elles ont apprécié, en diverses occasions, des partenaires de grande taille, sont devenues très sélectives et exigeantes quant aux « beaux gabarits » de leurs partenaires… Il suffit même d'une seule première expérience (réussie !) avec ce type de « beau mâle » pour justifier une préférence ultérieure définitivement orientée sur ce seul critère. On ne badine pas avec des mâles de petite taille.

Les mâles font tout pour accéder à un tel statut hautement privilégié. Ils s'alimentent activement et manifestent une combativité qui fera d'eux des dominants appréciés du « beau sexe ». De la vigueur à défaut de la sagesse ! Les mâles du **guppy** *(Pœcilia reticulata)* n'ont pas un comportement de cour « figé ». Celui-ci dépend à la fois de leur environnement social précoce et de leur expérience sexuelle antérieure : s'ils ont été élevés exclusivement avec d'autres mâles (et s'ils n'ont pas adopté un comportement homosexuel : 47), ils procèdent à une longue cour (21) lors de leur première rencontre avec une femelle, puis la durée de cette cour diminue au fur et à mesure qu'ils gagnent en expérience… Lorsqu'ils ont été élevés exclusivement en présence de femelles, ils se montrent beaucoup moins galants et effectuent des copulations forcées (12) avant de les réduire au fur et à mesure de leur expérience qui les conduit à trouver un « équilibre optimal » entre comportement de cour et tentatives de copulations coercitives.

33. AMOURS… FESTIFS

Vive les bacchanales !

S'envoyer en l'air, par devoir, pour assurer la pérennité de l'espèce, mais en « faisant la fête » : ce n'est pas *a priori* l'image que l'on se fait généralement des poissons. Pourtant si Aristote a affirmé qu'« *Aimer, c'est se réjouir* », les poissons en ont été les adeptes bien avant lui. En effet, si certaines espèces font preuve de la plus grande discrétion lors de leurs accouplements dans des « alcôves » afin de ne pas attirer l'attention de rivaux ni de prédateurs (23), d'autres, au contraire, manifestent une explosivité qui témoigne, lors de leurs ébats amoureux, d'une grande vigueur et d'un spectaculaire et joyeux enthousiasme.

Pour preuve, les **carpes communes** *(Cyprinus carpio)* savent « faire la fête » en ponctuant leurs amours de *splash* spectaculaires et bruyants à la surface de l'eau. De même, les ébats nuptiaux de **l'esturgeon européen** *(Acipenser sturio)* valent le détour. Se déroulant en pleine eau et à proximité de la surface des cours d'eau où se situent leurs frayères, ils sont ponctués de sauts et de jaillissements hors de l'eau. Ces bonds provoquent une grande agitation et un brassage de l'élément liquide qui ne peut que favoriser le mélange de leurs gamètes et assurer un meilleur taux de fécondation des ovocytes par les spermatozoïdes. Ces galipettes programmées, plus performantes que des ébats tranquilles, valent leur pesant de caviar !

34. AMOURS... FINALISÉS

Sélections spermatiques

La préoccupation majeure de tout couple de géniteurs, quelle que soit l'espèce animale, est de faire de « beaux petits ». La femelle du **guppy** *(Pœcilia reticulata)* en témoigne. Elle fournit une réponse positive à tout stimulus d'attractivité émis par un mâle : sa taille, sa couleur, ses caractéristiques anatomiques telles que ses nageoires, son appareil copulateur ou son comportement de cour (69). Une femelle qui convole avec de beaux mâles, séduisants et attractifs, maximalise ses succès reproductifs et peut donner naissance, suite à une mystérieuse « manipulation » du sperme qu'elle a reçu au cours d'accouplements successifs avec divers partenaires, à un plus grand nombre de mâles qu'une femelle accouplée à un seul mâle, quelconque et ordinaire.

Une telle sélection spermatique « post-copulatoire » est double : celle des spermatozoïdes porteurs des chromosomes sexuels qui induisent la détermination du sexe de l'embryon dans le sens mâle, et celle des spermatozoïdes responsables du développement de « beaux mâles » possédant les caractères dont étaient porteurs les mâles les plus désirés par les femelles. Faut-il en conclure qu'une femelle, mal accouplée, serait condamnée à ne donner naissance… qu'à des femelles ? Cela correspondrait à une « sorte de punition » pour son manque de goût au moment du choix de ses accouplements. Certes non, mais le machisme se porte quand même bien chez les guppys…

35. AMOURS...
FOUGUEUX

La dictature des sens

Les mâles de certaines espèces ne se laissent pas entraîner inconsidérément par les « feux de l'amour » et procèdent à un examen (réfléchi ?) de la situation en cherchant, par une sélection de la meilleure partenaire disponible, à optimiser leurs succès de reproduction (69). D'autres, au contraire, soumis à la dictature de leurs sens, donnent libre cours à leurs impulsions sexuelles en s'accouplant immédiatement avec la première partenaire venue, quels que soient sa taille, son âge et son degré de séduction.

Éros vainqueur, Cupidon vaincu

Ces dragueurs invétérés et ces « coureurs de jupons » sont généralement peu appréciés des femelles qui préfèrent l'amour galant (38) et choisissent, comme partenaires, les mâles les plus désirables par leur taille (grande), leurs couleurs (vives), leurs odeurs (parfumées), leurs chants (mélodieux), leurs caresses (érotiques) ou leurs aptitudes à les courtiser longuement... (69). De cette divergence de goût entre les deux catégories de partenaires résulte un « conflit sexuel » avec, d'un côté, des mâles harceleurs et violeurs et, de l'autre, des femelles contraintes de développer des stratégies anti-harcèlement (16) ;

Les femelles préfèrent généralement les mâles dominants mais il est fréquent que celles de la **bouvière rose** *(Rhodeus ocellatus)* évitent de subir les agressions de ces mâles et portent leur préférence sur des petits mâles. Il existe cependant des femelles qui, lassées d'amours trop raffinés, trop conformistes et trop « bourgeois », recherchent des « sensations vives » avec des mâles virils, adeptes d'amours guerriers (41), même si ceux-ci se montrent violents vis-à-vis d'elles (75)...

36. AMOURS… FUGACES

Brèves intimités

Alors que certaines espèces tendent à prolonger, plus ou moins durablement, leurs accouplements (29) et à répéter ceux-ci avec le même partenaire (24), d'autres réduisent leurs moments d'intimité au seul acte sexuel de procréation, le temps de libérer leurs produits génitaux avant de se séparer, la plupart du temps définitivement, et avant de convoler avec de nouveaux partenaires qu'ils quitteront tout aussi rapidement et précipitamment pour de nouvelles aventures (25).

Les géniteurs des diverses espèces de mérous se réunissent chaque année, sur un site défini et à une période précise et limitée de la saison estivale, afin de se reproduire (68). De telles agrégations de ponte réunissent généralement plusieurs centaines d'individus. Des couples temporaires se forment, dont la vie amoureuse se limite à un comportement de cour préparatoire à la libération synchrone de leurs gamètes.

Le sens du sacrifice

En Méditerranée, le **mérou brun** *(Epinephelus marginatus)* constitue, dans la réserve naturelle des îles Medes (Catalogne), des agrégations de géniteurs de plus de 100 individus, dans des habitats benthiques* faits de grands blocs de rochers sur lesquels les mâles établissent des territoires spécifiques. Le pic de reproduction se situe en août, lorsque la température de l'eau est de 24-25 °C en surface et de 17-19 °C à 20 mètres de profondeur. La photopériode étant le principal déterminant de la ponte, le début du raccourcissement des jours constitue un excellent « synchroniseur » de la reproduction. Les femelles sont plus nombreuses que les mâles, qui sont donc polygames.

Chaque acte de ponte a lieu dans la colonne d'eau entre –5 et –25 m, le mâle effectuant, en profondeur et à proximité du fond, une brève cour : il s'approche latéralement en frôlant de son flanc celui de chaque femelle rencontrée, en agitant la partie postérieure de son corps et en battant de la queue de façon ritualisée. Puis la femelle « consentante » et le mâle courtisan s'élancent tous deux dans la colonne d'eau vers la surface, accolés parallèlement l'un à l'autre. À l'issue de cette ascension verticale, sur 6 à 8 mètres, terminée par une accélération rapide sur les 2-3 derniers mètres assimilée à un *rush*, les gamètes des deux partenaires sont émis synchroniquement, après quoi le couple se sépare pour renouveler un acte de ponte identique avec un autre partenaire (Figure page suivante).

De tels actes sexuels se répètent plusieurs fois, avec autant de partenaires différents en « semant à tout va ». Si la durée de constitution d'un couple est brève, ce mode de reproduction répétitif offre l'avantage de garantir une large dispersion des gamètes, de garantir des fécondations diversifiées, d'assurer le plus grand nombre possible de mélanges de gènes et d'induire

Un grand mâle (à droite) et une plus petite femelle (à gauche) de mérou brun *(Epinephelus marginatus)* se sont unis temporairement en bas de la colonne d'eau pour effectuer conjointement une ascension verticale rapide (un *rush*) vers la surface. Au sommet de la colonne, ils émettent, de façon synchrone, leurs produits sexuels, après quoi ils se séparent et rejoignent des eaux plus profondes.

une large hétérozygotie* au profit d'une diversité populationnelle… Les amours individuels sont ainsi réduits à leur plus simple expression et « sacrifiées » au profit d'un large succès reproductif collectif.

37. AMOURS... FUSIONNELS

« L'amour parfait » : ne plus faire qu'un !

Les unions entre sexes ne sont généralement pas des fusions. Cependant, les amours charnels supposent un « don de soi » si parfait et si total qu'il arrive que chaque partenaire en oublie son identité propre pour mieux chercher à « se fondre dans l'autre » afin de « ne faire plus qu'un ». Une telle fusion amoureuse, à laquelle aspire tant l'espèce humaine empreinte de romantisme, a été rarement réussie chez les espèces animales. Toutefois, quelques poissons sont parvenus à atteindre l'« amour parfait ».

Chez les **poissons-pêcheurs** abyssaux, les rencontres entre les deux sexes sont rares et difficiles, compte tenu de la faible densité des populations et des conditions environnementales très difficiles qui règnent à ces profondeurs (obscurité totale, température froide, fortes pressions...) (55). Il importe donc aux géniteurs de ne pas rater les rares occasions de rencontres. Les signaux de reconnaissance sont des signaux

Trois petits mâles cératiidés comme *Haplophryne mollis* sont fixés définitivement sur la paroi ventrale d'une femelle, suite à une fusion tissulaire qui fait d'eux des parasites.

visuels de bioluminescence* (30), probablement accompagnés de signaux olfactifs. Lorsqu'un mâle nain du poisson-pêcheur cératiidé *Haplophryne mollis*, qui est de très petite taille (12 mm), a « la très grande chance » de croiser sur sa route une femelle de taille relativement grande (50 mm), il se précipite sur elle et, de peur de la manquer, lui implante ses grandes dents pointues dans le flanc de façon à se fixer sur elle et à s'y greffer définitivement, suite à une soudure tissulaire qui l'unit à jamais à sa compagne. Ah ! L'amour fou…

Un mâle réduit à ses testicules

Une fois solidement implanté dans les chairs de sa compagne, ce mâle, qui a définitivement perdu son autonomie et sa liberté, voit régresser tous les organes qui lui sont devenus inutiles : ses nageoires, sa musculature, ses organes sensoriels, son tube digestif..., pour ne conserver que ce qui lui est désormais utile : ses testicules. Devenu un parasite nourri, oxygéné et transporté par sa partenaire, il tient à la disposition de celle-ci ses spermatozoïdes et féconde sans relâche les ovocytes qu'elle produit. Une telle « greffe » assure la fécondation de toute la production ovocytaire de « madame » pour le reste de ses jours... Insatiable et exigeante, celle-ci est capable d'héberger plusieurs petits mâles nains : cette polyandrie* stricte (ménage à deux, trois ou à quatre...) lui confère l'assurance de voir tous ses ovocytes fécondés par ses « compagnons de voyage » liés indéfectiblement à elle « pour la vie » (Figure ci-contre). Des amours terriblement efficaces...

38. AMOURS…
GALANTS

Courtisans et courtisanes

Les femelles, dans leur recherche effrénée des « bons mâles » (69), utilisent de nombreux signaux de qualité émanant de ceux-ci. Parmi tous les signaux visuels, olfactifs, auditifs, tactiles, voire électriques… qu'elles perçoivent, ceux qu'elles préfèrent par-dessus tout, ce sont des signaux comportementaux sous la forme d'une cour assidue effectuée à leur égard (21).

Être un habile courtisan procure aux mâles qui savent user de leurs charmes (mouvements de danse, frôlements, caresses…) un succès reproductif certain, ces comportements pouvant pourtant cacher certaines déficiences et masquer certains défauts génétiques qui pourraient être rédhibitoires s'ils n'étaient convenablement « travestis » sous des « approches galantes » (73). Les femelles sont ainsi faites que, flattées et envoûtées par de tels mouvements de séduction qui reposent sur une gestuelle ritualisée (mouvements d'ondulation, courbures en S, tremblements, danse en zigzag…, 21) destinée à

Comportement de cour du mâle d'épinoche *(Gasterosteus aculeatus)* (à droite) par une nage en zigzag qui est destinée à diriger la femelle (à gauche) vers le nid de végétaux et à l'y faire pénétrer pour pondre (en bas).

démontrer à leurs partenaires toutes leurs potentialités, elles succombent facilement aux avances de tous ces Casanova et autres Don Juan.

Les mâles de l'**épinoche commune** *(Gasterosteus aculeatus)* cherchent à séduire leur partenaire par des mouvements ritualisés de nage devant et autour d'elle et de danse en zigzag (Figure). Ils associent souvent des couleurs brillantes (rouges et orangées) de séducteurs à ces comportements de cour qui mettent en valeur celles-ci. Leur motivation sexuelle vis-à-vis des femelles qui sont « à l'écoute » et auxquelles ils doivent nécessairement plaire est tellement prioritaire qu'elle justifie un certain affaiblissement et même un relatif abandon de leur agressivité vis-à-vis des mâles rivaux (15), au profit d'une débauche de galanterie…

Chorégraphies à géographie variable

Ces comportements de cour ne sont pas totalement rigides et stéréotypés et peuvent présenter une variabilité géographique entre des populations. Ainsi, les mâles des épinoches des côtes Pacifiques du Japon se livrent à des mouvements de danse en zigzag comme le font les épinoches européennes et nord-américaines. En revanche, ceux de la mer du Japon ne se livrent à aucun mouvement de ce type et procèdent à des mouvements de nage dite « roulante » ou « ondulante », faite de déplacements latéraux, d'abord rectilignes en direction de la femelle suivis d'un positionnement devant celle-ci, à sa perpendiculaire, de façon à lui présenter leur flanc, tout en érigeant leurs opercules de façon à paraître plus gros qu'ils ne sont, déployant leur gorge rouge et ouvrant leur bouche, ce qui renforce le signal rouge situé à l'intérieur de celle-ci. Le *tempo* est deux fois plus rapide dans le premier procédé que dans le second. Les femelles sont sensibles à la vitesse d'exécution et préfèrent les mouvements rapides ainsi que le prouvent leurs réactions à des images vidéo projetées devant elles.

La danse en zigzag est la plus répandue chez la plupart des épinoches des genres *Gasterosteus*, *Culaea*, *Pungitius*… et serait la composante primaire des comportements de séduction réalisés par les mâles tandis que la présentation du flanc vivement coloré du poisson ne se rencontre que chez les épinoches de la mer du Japon, ce qui assure une diversification génétique des populations. Ne pas danser comme les autres serait un motif de rejet par certaines femelles qui sont exigeantes quant à la chorégraphie offerte par leurs soupirants, mais aussi une raison de choix par d'autres… De plus, les comportements de cour sont différents entre mâles d'épinoches de populations lacustres, les unes limnétiques *, chez lesquelles ils consistent en des mouvements en zigzag en direction des femelles, les autres benthiques*, qui pratiquent surtout des poursuites agressives accompagnées de morsures. Cherchant à diriger les femelles vers leur nid de ponte, ils piquent leur ventre avec les épines érigées de leur nageoire dorsale. Les femelles donnent des signes de réceptivité par une approche des mâles, une posture de courbure du dos qualifiée de lordose, la tête redressée, et elles pénètrent alors, obéissantes, dans les nids pour pondre. À moins qu'il ne s'agisse que d'une diminution de leur aptitude à discriminer les couleurs à cause d'une détérioration de leur système visuel (modification de la sensibilité de leurs cônes rétiniens vis-à-vis des radiations de grande longueur d'onde).

Des « danseuses de la mer » irrésistibles

Les comportements de cour ne sont pas l'apanage des seuls mâles. Chez certaines espèces, les femelles, qui sont soumises à une forte compétition intrasexuelle, sont contraintes de déployer des efforts de séduction pour se faire accepter par les mâles et « les faire craquer ». Les femelles du **syngnathe des lagunes** *(Syngnathus abaster)* et des **hippocampes** du genre *Hippocampus* réalisent, devant les mâles qu'elles cherchent à séduire, des mouvements de danse consistant en une succession de montées et de descentes dans la colonne d'eau, au-dessus des herbiers de phanérogames (posidonies, zostères) qui leur servent d'habitats naturels. Une telle danse ritualisée, un comportement « artistique » auquel sont sensibles les mâles qui, inéluctablement, succombent à la tentation.

En cas de compétition intrasexuelle élevée, le sexe numériquement le moins bien représenté dans la population se voit contraint, dans l'urgence, et afin de chercher à gagner la compétition qui l'oppose à tous ses rivaux (ou à toutes ses rivales) de déployer des efforts de séduction. Ainsi, le comportement de cour des femelles du **syngnathe des lagunes** dépend-il du nombre des mâles accessibles dans leur environnement proche, un retour à un comportement de type « conventionnel » se produisant en cas d'abondance du nombre des mâles. Se trouvant alors en forte compétition entre eux, ceux-ci arborent des livrées ornementées et courtisent les femelles, ainsi dispensées de tout effort de charme… Cette remarquable plasticité comportementale montre que les poissons savent varier leurs comportements amoureux et les adapter en fonction du « marché du sexe » local. Des obligations de séduction dans l'urgence…

39. AMOURS… GOURMANDS

Bon appétit !

Afin de réussir à s'approprier un succès d'accouplement, les mâles sont généralement contraints d'utiliser les arguments les plus convaincants… Il convient, pour ce faire, de chercher à « faire plaisir » aux partenaires convoitées, par exemple en satisfaisant leur appétit et en flattant leurs papilles gustatives lorsqu'elles manifestent un goût prononcé pour une proie particulière…

Le mâle du **characin** vénézuélien *(Corynopoma riisei)* brandit, à la vue de la femelle qu'il convoite, un ornement operculaire en forme de drapeau ou d'étendard, qui consiste en une excroissance reliée à ses ouïes et qui, telle une canne à pêche intégrée, porte, à l'extrémité d'un filament, un élément représentant un petit insecte, par exemple une fourmi, ou toute autre proie préférée de la femelle (Figure page suivante). Ce « leurre de pêche » présente une morphologie rappelant étrangement le thorax et l'abdomen de l'insecte. La femelle,

Le mâle du characin vénézuélien *(Corynopoma riseii)* (à droite) agite, devant la partenaire qu'il convoite (à gauche), un «leurre» attractif sous la forme d'une imitation d'insecte (d'une fourmi) qui constitue sa proie préférée, avec l'espoir qu'elle succombe à la tentation du «péché de gourmandise»... et lui accorde ses faveurs...

appâtée et gourmande, ne résiste pas à la tentation et, invitée à dîner, s'approche et cherche à le mordre, ce dont profite notre «pêcheur» pour chercher à féconder ses ovocytes... Plus encore, les diverses populations de characidés sont capables d'adapter la forme du leurre à celle de tout insecte qui est la proie préférée des femelles de sa propre population. Certaines d'entre elles présentent ainsi un leurre de forme ovale rappelant celle d'un scarabée... Aller à la pêche d'une femelle et la conduire à «mordre à l'hameçon». Belle inventivité!

Connaître les points faibles de ses partenaires sexuelles potentielles et flatter leur penchant à commettre un «péché de gourmandise» constitue une stratégie courante et un stratagème «payant» dans le règne animal, mais rare chez les poissons. Cependant, chez de nombreuses espèces, les mâles ne peuvent développer cette habile stratégie, les femelles ne s'alimentant pas au cours de la période de reproduction, à l'exemple de celles de salmonidés qui jeûnent totalement afin de se consacrer pleinement à leurs tâches reproductives. Aimer ou manger, il faut choisir…

40. AMOURS… GROUPÉS

Amours de plage

Alors que certaines espèces ne s'accouplent que dans la discrétion, en l'absence d'audience (23), avec un nombre restreint de partenaires, formant, soit des couples stables plus ou moins durables, (24), soit de petits groupes de 3, 4 ou 5 partenaires incluant plusieurs catégories de mâles (2), ou encore formant des harems (43), d'autres ne conçoivent les échanges amoureux que dans des grands groupes, des agrégations (4-36) réunissant de nombreux partenaires sexuels qui pratiquent un large échangisme (25)…

Chez les **grunions** *(Leurestes tenuis)*, des petits poissons marins qui vivent en plein océan et qui se rapprochent des côtes de Californie au moment de la reproduction, les géniteurs des deux sexes, qui sont en très grand nombre, profitent des grandes marées pour s'échouer, tous ensemble, à marée haute, sur des plages sableuses faiblement inclinées. Ils s'enfoncent légèrement dans le sable humide superficiel et, serrés

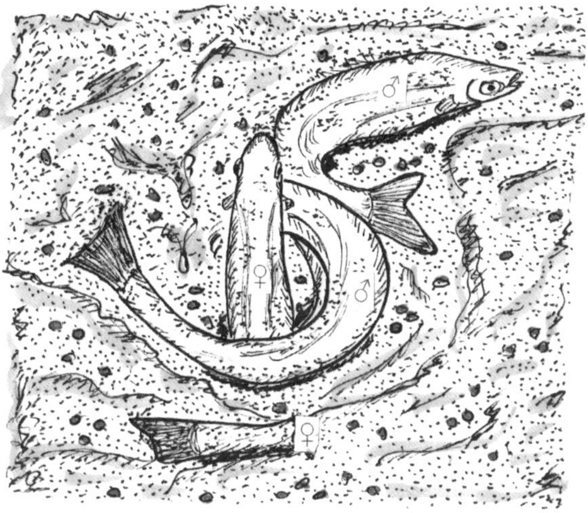

Géniteurs de grunions *(Leurestes tenuis)* entremêlés dans le sable humide des plages sur lesquelles ils ont accosté à marée haute.

les uns contre les autres, forment des couples temporaires qui s'enlacent furtivement et émettent, dans une forte promiscuité et de façon synchrone, leurs produits sexuels en « se vautrant » dans un mélange de sable humide, de mucus cutané, de sperme et d'ovocytes. Les fécondations se produisent à l'occasion de ces mouvements de brassage du sable (Figure).

Réussir l'accostage

Leur devoir de procréation accompli, les partenaires abandonnent les pontes, se quittent rapidement et repartent en mer avec la marée descendante. Leurs pontes demeurent dissimulées, à l'abri des prédateurs, dans le sable humide jusqu'à la marée haute du cycle lunaire suivant qui se produit une quinzaine de jours plus tard. Les larves nouvellement écloses sont alors reprises par les vagues et entraînées vers le large, où elles donneront une nouvelle génération.

De telles amours sont étroitement dépendantes du profil de la plage marine et du régime hydrographique local, synchronisées avec les marées qui sont sous influence lunaire. En effet, les conditions du débarquement des géniteurs et de l'embarquement des larves dépendent de la faible inclinaison des côtes. Les géniteurs, habiles navigateurs amphibies, parviennent à sélectionner les rivages *ad hoc*, ce qui réduit les échecs d'accostage des géniteurs puis la perte des larves lors de l'embarquement... Cette grande « bacchanale » se reproduit chaque année, de façon immuable, lors d'une marée montante étroitement synchronisée au calendrier lunaire. Ici, aucune fantaisie sexuelle, mais un collectivisme amoureux qui s'impose à tous et à toutes...

41. AMOURS... GUERRIERS

Honneur aux vainqueurs !

Parmi les critères utilisés par les femelles pour tester les qualités d'un « bon mâle » figure la combativité. Être le vainqueur des combats menés entre mâles rivaux confère un prestige certain aux yeux des femelles (46). Les vaincus ont beaucoup moins de chance de réussir en amour !

Positions de dominance

Chez le **porte-épée mexicain** *(Xiphophorus helleri)*, les mâles les plus grands, qui sont dotés des épées les plus longues (Figure page suivante), sont les plus agressifs et souvent les plus victorieux des combats. Les femelles, qui les observent, préfèrent s'accoupler avec eux. Chez le porte-épée d'Amérique centrale *Xiphophorus nezahualcoyotl*, la compétition est généralement élevée, ce qui se traduit par des agressions fréquentes entre

Un couple de porte-épée mexicain *(Xiphophorus helleri)*: le mâle (au premier plan) fait apprécier à la femelle qu'il courtise sa longue épée caudale.

rivaux. Lorsque plusieurs mâles courtisent les mêmes femelles, certains d'entre eux adoptent une position caractéristique, la tête dirigée vers le bas et le corps incliné selon un angle de 45-90° par rapport au substrat. Cette posture, surtout adoptée par les grands mâles dominants, a une double fonction : d'une part, elle fournit à l'opposant un signal de fort potentiel d'agressivité et l'informe sur ses aptitudes guerrières ; d'autre part, elle constitue un critère de qualité adressé aux femelles. À l'issue des premières confrontations, le vainqueur accomplit davantage de parades que le vaincu. Des signes de victoire ! Les femelles, là aussi, préfèrent s'accoupler avec de tels mâles à fort potentiel combatif, qui disposent d'un signal complémentaire de leurs fortes motivations agressives : des barres verticales sombres qui ornementent leurs flancs. Une livrée de combat. Les femelles ne risquent pas de se tromper de héros…

Chez le **tilapia du Mozambique** *(Oreochromis mossambicus)*, le statut social des mâles territoriaux conditionne leurs succès d'accouplement. Les vaincus des confrontations adoptent des postures de soumission corrélées à des concentrations sanguines élevées en hormone de stress (cortisol). Chez le **tilapia burtoni** *(Astatotilapia burtoni)* du lac Tanganyika, les femelles sont capables, suite à l'observation des combats, d'apprécier une hiérarchie dans les rapports de dominance entre les mâles (A > B > C > D > E) et d'établir leur choix d'accouplement en conséquence. Les interactions compétitives entre les mâles servent donc de signaux utiles pour une sélection sexuelle qui privilégie les vainqueurs, et tant pis pour les *loosers*…

Des combats furieux

Les mâles de **perroquets à bosse** *(Bolbometopon muricatum)* des atolls du Pacifique, reconnaissables à leur volumineuse protubérance céphalique, livrent, en période de reproduction, des joutes ritualisées : des heurts furieux tête contre tête, bosse contre bosse qui, tels des combats entre mâles de béliers, de taureaux ou de bisons, désigneront les vainqueurs dont la récompense sera l'accès aux femelles et leur possession… Les chocs violents entre ces beaux gabarits (ils mesurent parfois 1,50 m de long) génèrent des bruits sourds perceptibles à distance par des plongeurs. L'amour peut parfois faire mal à la tête… Peut-être aussi ces chocs risquent-ils d'alerter les requins à la recherche « d'un bon coup ».

Le mâle du **poisson-combattant** *(Betta splendens),* originaire de Thaïlande et de Malaisie où il est dénommé « poisson-mordant », possède des mâchoires équipées de dents coniques qui peuvent occasionner des blessures sérieuses lors des confrontations. Au point que certains combats acharnés peuvent provoquer la mort d'un rival. Lors des parades les opercules des mâles sont nettement écartés, ce qui induit chez eux une certaine hypoxie respiratoire. Les plus puissants, dotés de « plus de souffle » que leurs concurrents, sont capables de réaliser les parades les plus spectaculaires, mais ils ne sont pas ceux qui obtiennent les plus grands succès reproductifs, comme en témoigne le plus faible nombre d'œufs déposés par les femelles dans leur nid, ce qui prouve que les femelles se méfient des mâles trop violents. Être agressif, mais pas trop…

Il arrive aussi quelquefois que ce soient les femelles qui manifestent des « humeurs » belliqueuses, mais c'est alors vis-à-vis de leur… conjoint. Ainsi, celles du **poisson-chat du Nil** *(Clarias gariepinus)* se montrent très agressives, n'hésitant pas à heurter plus ou moins violemment le malheureux mâle, à lui infliger des chocs buccaux et à lui faire subir des accrochages bouche-à-bouche (des « coups de gueule » !). Certains de ces « sévices » peuvent entraîner la mort (sans intention de la donner ?). Des mégères violentes et des mâles martyrs : le sexe faible ne l'est pas tant que cela…

42. AMOURS…
HANDICAPÉS

S'adapter aux entraves

Les femelles sont sensibles aux signaux de qualité émanant des mâles avec lesquels elles acceptent de s'accoupler. Les plus grands, les plus vigoureux, les plus « beaux » d'entre eux ont les meilleures chances de succès (69). Les mâles ne sont, hélas, pas tous dotés de tels avantages ; il y a aussi des petits, des laids, des faibles. Sont-ils condamnés pour autant à demeurer des « mal-aimés » ?

Boulets parasitaires

Quand ils sont victimes d'une infestation parasitaire par un ver, le cestode *Schistocephalus solidus*, les mâles de **l'épinoche commune** *(Gasterosteus aculeatus)* n'exhibent pas la coloration nuptiale rouge-orange vif qui fait le succès des mâles sains (13). Ils ne courtisent pas les femelles, et ont un nid de très mauvaise qualité à leur offrir, se révélant donc peu aptes à participer à la reproduction. La perte d'énergie due à la charge parasitaire est responsable de ce déclin de performances sexuelles et se traduit par une mauvaise condition physique, ce qui n'échappe pas à la sagacité des femelles. Cependant, ils ne demeurent pas totalement « mal-aimés » car celles atteintes du même handicap parasitaire sont susceptibles de s'intéresser à eux, bien que leurs succès reproductifs demeurent médiocres.

Chez le **poisson-demoiselle** *(Stegastes planifrons)*, les mâles assurent les soins parentaux des œufs déposés dans les nids qu'ils ont construits. Ils tentent de les protéger de la prédation exercée par des petits labridés (62), la proportion de descendants qui survivent à la prédation étant fonction de l'intensité de leurs soins de gardiennage. Toutefois, certains mâles sont infestés par un ver du genre *Ancyrocephalus* qui lèse leur épithélium branchial et entraîne un dysfonctionnement respiratoire. Leur affaiblissement, proportionnel à la charge parasitaire, se traduit par une moindre ventilation des pontes, qui risquent alors de périr asphyxiées, et surtout par une réduction de la défense des nids, parfois même par leur désertion pour cause de recherche impérieuse de nourriture. Les prédateurs ont alors le champ libre…

D'autres handicaps

Inversement, le mâle du **lamprologue** *(Neolamprologus pulcher)*, un cichlidé des Grands Lacs africains, est victime de sa trop grande taille qui lui interdit de rejoindre sa compagne à l'intérieur d'une coquille de gastéropode, ce qui le contraint à éjaculer à l'extérieur (51) (Figure p. 85). Une autre forme de handicap, *a priori* la plus grave, concerne le **carassin-gibèle**

(Carassius gibelio). Dans certaines populations, les femelles sont privées de mâles de leur propre espèce. Elles doivent avoir recours, pour assurer la fécondation de leurs ovocytes, aux spermatozoïdes des mâles « donneurs de sperme » d'espèces voisines (3). Enfin, les perturbateurs endocriniens (28) sont peut-être en passe de devenir un nouveau handicap, chimique celui-là, dont on ne sait pas comment les espèces parviendront à le surmonter…

43. AMOURS... HARÉMIQUES

Le maître et les esclaves

Une organisation sociale en harem se rencontre chez certains cichlidés des Grands Lacs africains. Un grand mâle dominant règne sur le groupe social constitué de plusieurs femelles dont il féconde les ovocytes. Les autres membres du groupe restent confinés au rôle ingrat d'auxiliaires *(helpers)* privés d'accès à la reproduction ; à eux sont dévolues les tâches d'aménagement et de défense du territoire ainsi que les soins domestiques d'entretien des pontes (62).

Les l**amprologues** *Neolamproplogus savoryi* du lac Tanganyika, qui vivent en forte densité, sont organisés de cette manière : un grand mâle reproducteur est accompagné de 1 à 4 femelles reproductrices qu'il monopolise et de 3 à 33 auxiliaires, la taille moyenne d'un tel groupe étant d'une quinzaine de membres. Les auxiliaires aménagent des abris protecteurs en creusant le sable à coups de battements de queue et en le transportant dans la bouche. Ils s'occupent des pontes (nettoyage, oxygénation des œufs) et protègent le territoire contre les prédateurs piscivores.

En situation de subordination et de stress permanent, ils demeurent stériles et, tels des eunuques, ne sauraient remettre en cause la suprématie génésique de leur « seigneur et maître ». Celui-ci s'arroge le pouvoir de les congédier à tout moment et de les chasser de son territoire… Faisant preuve d'une grande résignation et d'une grande patience, les auxiliaires peuvent cependant rêver du jour où, victime d'une mort brutale (en général sous la dent d'un prédateur !), le chef du harem devra être rapidement remplacé par l'un d'eux, le plus grand. Promu à un statut social de dominant, il retrouvera ses capacités viriles à la suite d'une levée d'inhibition hormonale, et pourra, à son tour, régner en maître absolu sur le harem… La société des lamprologues a constamment besoin d'un chef, fût-il un despote. Pas de place pour la démocratie dans les harems !

44. AMOURS… HASARDEUX

Une double loterie

Les femelles, soucieuses de réussir la meilleure descendance possible à travers la recherche des meilleurs amants et des meilleurs pères, sont souvent dans l'obligation de s'en remettre au pur hasard : celui qui préside aux rencontres avec les mâles, et celui déterminé par les fécondations de leurs ovocytes par des spermatozoïdes qu'elles ne choisissent pas toujours. Les jeux de l'amour et du hasard…

Premier rencontré, premier retenu

L'urgence de se reproduire, sous peine de demeurer « vieilles filles », conduit certaines femelles sexuellement matures à accepter de s'accoupler avec le premier mâle rencontré, sans prendre le temps d'exercer une sélection d'autres candidats susceptibles d'offrir de meilleures garanties de qualité (15-69).

Une telle hâte s'explique par le fait que leurs ovocytes intraovariens, lorsqu'ils ont atteint leur maturité cellulaire, doivent être fécondés dans un délai court, sous peine de subir un vieillissement préjudiciable à leur fécondabilité ultérieure (devenant atrétiques*, ils sont détruits). Mieux vaut un accouplement peu réussi que pas d'accouplement du tout.

Des rencontres aveugles et totalement hasardeuses sont aussi le propre des comportements des femelles des espèces pélagiques marines dont les pontes en masses, en bancs ou en groupes, dans une forte promiscuité, ne laissent aucune place à un quelconque choix individuel, que ce soit dans la colonne d'eau (4) ou dans le sable des plages (40). Le prince charmant n'existe pas dans ces vastes étendues.

Aller vite n'est pas toujours gagner

Outre une absence de choix du partenaire de sexe opposé, les femelles sont rarement capables de contrôler le sperme fécondant, les spermatozoïdes pouvant être de qualité diverse et provenir de mâles spermiants* différents, jeunes ou vieux, « bourgeois » ou *sneakers* (3). La rencontre entre chaque ovocyte et les gamètes mâles est généralement des plus aléatoires : le premier spermatozoïde arrivé pénètre, seul, par l'ouverture (micropyle) de l'enveloppe de l'ovocyte pondu et est alors l'unique vainqueur de la fécondation. Il s'agit généralement du plus rapide des gamètes mâles, dont la vitesse de battement du flagelle locomoteur est corrélée à la longueur de celui-ci et à la richesse en « carburant énergétique » qu'est l'ATP* accumulé dans sa pièce intermédiaire. Cependant, c'est faire fi de la compétition spermatique qui peut avantager les gamètes qui sont seulement les mieux positionnés dans le voisinage immédiat des ovocytes : les plus « chanceux », pas les meilleurs. Même des spermatozoïdes boiteux ont leur chance, c'est dire ! Une vraie « loterie de l'hérédité »...

Les femelles ne perdent cependant pas toutes le contrôle de la situation. Il ne suffit pas, pour un mâle, d'avoir gagné la compétition avec des mâles rivaux, ni d'avoir réussi à s'attirer les faveurs d'une femelle, pour se croire vainqueur de la compétition spermatique. Le mâle « propose » (sa semence)..., et la femelle « dispose » (du choix final du gagnant). Certaines d'entre elles, parmi les espèces ovovivipares* et vivipares* (guppy, gambusie...) qui stockent dans leur corps le sperme de multiples partenaires d'accouplement, conservent l'aptitude de réaliser une sélection sexuelle « post-copulatoire » parmi les différents lots de spermatozoïdes, en favorisant le sperme d'un mâle donné, généralement les plus récent (le plus frais !), et en « sacrifiant », par son rejet, celui d'un autre. Il s'agit là d'un processus caché, qualifié de cryptique* (18). Malheureusement pour eux, les mâles ainsi trompés n'ont droit à aucun avocat...

45. AMOURS… HÉGÉMONIQUES

Le triomphe du machisme

Lors de la reproduction des poissons, les mâles imposent fréquemment leur loi aux femelles, en particulier dans des groupes sociaux patriarcaux et surtout harémiques, dirigé par un grand mâle « despotique » (43). La taille est un argument « de poids ». Les grands mâles imposent alors par la force des accouplements aux femelles, tendant à les monopoliser, certains des accouplements non consentis par les femelles étant même violents (75).

Raison et répudiation

Ainsi, la reproduction de la **bouvière européenne** *(Rhodeus amarus)* repose sur un système d'accouplements imposé par les grands mâles dominants. Ils éliminent leurs rivaux en les chassant et contrôlent les fécondations des groupes de femelles. Des études génétiques ont montré qu'ils sont les pères de 67 % des descendants au cours d'une saison de reproduction. Le choix des femelles se limite à celui des moules-hôtes qui hébergeront leurs pontes (62). Des mariages de raison en quelque sorte...

Chez le **périophthalme amphibie** *(Periophthalmus sobrinus)* des mangroves de Madagascar, le mâle, très actif et belliqueux dans son territoire des banquettes vaseuses exondées à marée basse, poursuit ses rivaux par des postures de menace (nageoire dorsale érigée) et en cherchant à leur infliger des morsures (duels de « prise à la gueule »). Il fait de même avec la femelle qui pénètre une première fois dans son territoire, se montrant d'abord agressif vis-à-vis d'elle avant de se raviser. Devenu plus tolérant, il la courtise par des parades nuptiales ritualisées (« promenade nuptiale ») jusqu'à ce qu'elle accepte de pénétrer dans son terrier pour y pondre. Cependant, si une seconde femelle se présente dans son territoire, il préfère s'occuper d'elle et répudie la première avant même ses noces !

Des femelles dominantes qui « portent la culotte »...

Il arrive aussi que certaines femelles asservissent les mâles placés sous leur domination. C'est le cas des **poissons-clowns** du genre *Amphiprion*. Dans la couronne de tentacules d'une anémone de mer qui héberge le couple ainsi que des individus immatures, c'est « madame » qui, de taille supérieure (rang α) à celle de son conjoint, « fait la loi » et maintient de façon permanente son compagnon en état de subordination (rang β) et de stress (24). Elle exerce une action castratrice vis-à-vis des mâles de rang social inférieur (γ, δ, ε) qui demeurent sexuellement inaptes aussi longtemps que la matrone « règne » sur le groupe social (Figure p. 40). Le mâle asservi de rang β en est réduit à

« attendre son heure » pour espérer prendre sa place et devenir, à son tour, si la chance lui sourit, un « patriarche », ou plutôt une « matriarche » puisque cette espèce pratique un hermaphrodisme* successif (10).

Une telle influence inhibitrice peut s'exercer vis-à-vis d'autres femelles rivales, dans le cadre d'une hiérarchie sociale. Chez le **poisson-zèbre** *(Danio rerio)*, la femelle dominante, la plus agressive, se livre jusqu'à une centaine d'attaques en 10 minutes à l'adresse des femelles de rang inférieur, pond davantage d'œufs que les femelles subordonnées. En outre, elle produit des phéromones* de suppression qui induisent, chez leurs rivales, une cascade de modifications hormonales qui inhibent plus ou moins durablement leur maturation sexuelle et leur ponte. Si cette femelle dominante est éliminée, une petite femelle se montre cependant capable de pondre, son inhibition sexuelle n'étant donc pas définitive. Des femelles temporairement castratrices…

46. AMOURS… HÉROÏQUES

Mâles courageux

Le succès des mâles prétendants à des accouplements dépend souvent de la possession de caractères morpho-anatomiques (taille, corpulence) qui expriment une potentialité de virilité, mais aussi de comportements qui apparaissent, aux yeux des femelles, particulièrement « prometteurs » : le courage face à un prédateur ou l'agressivité vis-à-vis de congénères rivaux (41). De l'avantage de paraître « un chef »…

Les femelles du **poisson-zèbre** *(Danio rerio)* s'accouplent plus volontiers avec des mâles courageux qu'avec des mâles peureux et avec les plus agressifs (les guerriers !) qu'avec les « mous » (les lâches !), comme en témoigne le nombre d'œufs qu'elles pondent avec les uns ou avec les autres comme partenaires. Leur degré de coopération dans l'accouplement est plus élevé avec les mâles les plus « héroïques » et le succès reproductif du couple bien supérieur. Le mythe du « héros »…

47. AMOURS… HOMOSEXUELS

De l'importance de l'éducation sur les préférences sexuelles

Faire l'amour est, pour les poissons, une chose trop sérieuse pour donner lieu à toute forme de liberté sexuelle qui s'écarterait « des normes ». C'est d'ailleurs pourquoi, chez la plupart d'entre eux, les croisements sont nettement orientés vers des partenaires bien ciblés, de la même espèce et de sexe opposé (56). D'ailleurs, en vue d'éviter toute ambiguïté sexuelle, divers signaux (visuels, olfactifs, auditifs, comportementaux) sont à la disposition des géniteurs afin de bien préciser leurs identités sexuelles respectives et de leur éviter toute méprise.

Pourtant, il arrive que, dérogeant aux « normes en vigueur », certains individus des deux sexes se laissent aller à des amours « interdits ». Un comportement homosexuel, soit une attirance sexuelle pour des individus de son propre sexe, est parfois observé chez les mâles d'espèces appartenant à diverses familles de poissons : salmonidés, cyprinidés, percidés. Certains, comme le **brochet** *(Esox lucius)* et **l'ombre** *(Thymallus thymallus)*, poussent leurs relations avec des partenaires de sexe mâle jusqu'à l'émission de laitance. Un tel comportement est lié à des conditions particulières d'éducation et résulte généralement d'une pénurie de femelles.

Dans un environnement social comportant un nombre suffisant de femelles, les jeunes mâles de **guppy** *(Pœcilia reticulata)* adoptent des comportements hétérosexuels. En revanche, lorsque les femelles manquent et surtout en leur absence totale, ces jeunes mâles sexuellement très actifs cherchent à s'associer aux autres mâles et simulent sur eux des copulations par des « poussées de gonopodes » comparables à celles qu'ils pratiquent sur des femelles (12). En présence de femelles, ils continuent à préférer les mâles et poursuivent leurs tentatives d'accouplement avec eux.

L'empreinte sexuelle précoce

Un environnement social bisexuel paraît donc nécessaire pour « structurer » les comportements des juvéniles. Une empreinte sexuelle *(imprinting)* doit être acquise précocement, puis consolidée au cours des accouplements réalisés pendant leur période d'éducation sexuelle. Un copiage du comportement des autres mâles et un sentiment de frayeur vis-à-vis des femelles (surtout celles qui sont de plus grande taille qu'eux !) tendent à généraliser cette homosexualité, qui se révèle alors irréversible. Ainsi, savoir reconnaître et apprécier la présence de femelles autour de soi est un passage obligé dans l'éducation sexuelle des jeunes guppys qui font ainsi « leurs premières armes ». Durant une période critique de leur évolution, le développement d'interactions durables entre les deux sexes s'établit de façon à créer des motivations hétérosexuelles et à orienter, de façon irréversible, leurs préférences sexuelles. Sinon, il risque d'être définitivement trop tard… Certaines sociétés humaines, qui privilégient une éducation des enfants parmi les femmes, ne procèdent-elles pas d'une démarche analogue ?

Dans les populations cavernicoles du **molly mexicain** *(Pœcilia mexicana),* alors que les grands mâles manifestent une moindre activité sexuelle que les poissons des eaux éclairées et une moindre agressivité vis-à-vis des petits mâles (2), ceux-ci cherchent à s'associer à eux plutôt que de s'intéresser aux femelles, qui les rejettent d'ailleurs, et ils tentent même des copulations avec eux. Ils « batifolent » parmi eux en les mordillant autour de leur orifice sexuel afin de montrer leur « bonne santé sexuelle » et leur disponibilité pour des accouplements. C'est un moyen d'attirer l'attention des femelles, sensibles à ces comportements indicateurs d'une qualité sexuelle recherchée. Loin d'être considérés comme déviants, ces comportements, en plus de permettre l'assouvissement d'un besoin sexuel qui offre l'avantage de réduire le harcèlement sexuel dont les femelles sont parfois victimes (12), limiteraient les agressions entre les mâles, jouant alors un rôle d'apaisement social. Des mâles sexuellement calmés…

48. AMOURS… ILLÉGITIMES

Les « francs-tireurs » du sexe

Si certains accouplements se réalisent au hasard des rencontres entre les géniteurs des deux sexes (44), la plupart résultent de certains choix opérés, le plus souvent, par les femelles vis-à-vis des mâles et, parfois aussi, par les mâles à l'égard des femelles (69). Si cette sélection sexuelle vise à permettre les accouplements les plus productifs entre partenaires bien assortis et de qualité, elle évite aussi des croisements « contre-productifs ».

Repérages de qualité

Les accouplements dangereux pour le maintien de la pureté génétique résultent de croisements entre espèces différentes, qui sont responsables de l'introduction de gènes étrangers dans le génome de la population (introgression génique). Une telle « pollution génétique » est susceptible de produire des « bâtards » ayant perdu certains caractères originaux dont sont porteurs les parents et qui sont avantageux pour eux. Autre type de mésalliances, les croisements intrafamiliaux entre parents et enfants, entre frères et sœurs, sont porteurs de risques de mortalité et de développement d'anomalies corporelles (scoliose, cyphose, cécité...). De tels accouplements incestueux peuvent en effet sélectionner des gènes cachés latents (récessifs) qui, se trouvant réunis en situation d'homozygotie* chez les descendants, sont responsables de déficiences géniques.

Les bénéfices du non-conformisme

Mais comment font les poissons pour éviter ces « mauvais choix » ? Les proscrire revient, généralement pour les femelles, gardiennes du « temple génomique » de l'espèce, à disposer de suffisamment d'informations sur les mâles candidats potentiels qui se proposent à elles afin de déceler ceux qui ne sont pas porteurs des signaux visuels, olfactifs, auditifs... correspondant à la « qualité » recherchée.

Une telle « prohibition sexuelle » n'est cependant pas respectée par la totalité des femelles d'une population : certaines d'entre elles ne dédaignent pas des formes de « liberté sexuelle » et de « fantaisie sexuelle ». Si toute transgression de certaines « règles » de sélection peut conduire à la production de descendants non viables ou tarés, elle peut aussi, parfois, contribuer à la prospérité génétique de la population. Ces croisements novateurs lui apportent des gènes nouveaux et renforcent les flux géniques synonymes d'un certain brassage génétique bénéfique. Un tel refus de respect d'une prohibition sexuelle par quelques individus « non-conformistes » et « avant-gardistes » peut donc se révéler profitable à tous, même s'il s'oppose au

« conservatisme génétique » pratiqué par l'ensemble de la population. Un non-conformisme pour le meilleur...

Des cas d'obtention d'hybrides viables et féconds entre deux espèces voisines se rencontrent chez les **mérous** *Plectropomus leopardus* et *P. maculatus*, qui sont réunis sur la Grande Barrière australienne au moment de la reproduction (40). Leurs sites et leurs calendriers de ponte, à la nouvelle Lune de fin de printemps et de début d'été se superposent, favorisant les occasions de croisements entre les géniteurs (36). Les individus hybrides résultant de ces croisements interféconds et de ces amours « coupables » sont identifiables à leur coloration intermédiaire entre les tonalités parentales et ne semblent souffrir d'aucune anomalie génétique. Des croisements non conformes pas toujours pour le pire...

De fréquents hydrides viables

De même, les comportements d'accouplement sont assez similaires entre diverses espèces de cyprinidés d'eau douce comme la **carpe commune** *(Cyprinus carpio)* et le **poisson rouge** *(Carassius auratus)*. Ces deux espèces partageant le même système d'attraction olfactive à base de phéromones* (63), les géniteurs sont naturellement et irrésistiblement attirés les uns par les autres et vivent alors des amours illégitimes. Leurs génomes étant compatibles, des hybrides se rencontrent fréquemment dans la nature. De tels croisements peuvent même concerner des cyprinidés appartenant à des genres différents, comme le **gardon** *(Rutilus rutilus)* et le **nase** *(Chondrostoma nasus)* dans le bassin du Danube, le **gardon** et la **brème commune** *(Abrama brama)* en Europe centrale.

Autre exemple, les femelles du **porte-épée plat** *(Xiphophorus continens)* sont attirées par l'odeur des mâles d'une espèce voisine, *X. montezumae*, qui les courtisent et avec lesquels elles sont susceptibles de s'accoupler. Une telle attraction hétérospécifique est asymétrique car les femelles de la deuxième espèce ne sont pas attirées par l'odeur des mâles de la première, ce qui les met à l'abri de risques de croisements illégitimes.

Chez le **molly américain** *(Pœcilia formosa)*, la « désobéissance » aux « principes » de croisements entre individus d'une même espèce est devenue une règle absolue et vitale. Les populations de cette espèce unisexuée et gynogénétique* sont composées de 100 % de femelles. L'accouplement repose obligatoirement sur des croisements entre ces femelles et les mâles d'espèces voisines : *P. mexicana* et *P. latipinna*. Les femelles de *P. formosa* assurent ainsi leur descendance grâce à ces bénéfiques « dons de sperme » (3).

Des accouplements incestueux entre frères et sœurs sont courants chez le **cichlidé monogame** *Pelvicachromis taeniatus* du Cameroun. Des « tests de choix » réalisés entre partenaires familiaux (des sœurs) et des femelles étrangères révèlent que les mâles, non seulement n'évitent pas de s'accoupler avec leurs sœurs, mais préfèrent même celles-ci qui, de leur côté, manifestent à l'égard de leurs frères une égale préférence. Leurs descendants ne semblent cependant souffrir d'aucune dépression génétique. Ces « francs-tireurs du sexe » peuvent parfois œuvrer, et à leur insu, pour le « bien de tous ». Vive la révolution sexuelle !…

49. AMOURS...
INCONNUS

Anguilles : des amours toujours empreints de mystère

Les données relatives aux comportements d'accouplement, aux sites et au déroulement de la ponte des **anguilles** du genre *Anguilla* (anguilles européenne *A. anguilla*, américaine *A. rostrata*, japonaise *A. japonica*) n'ont donné, à ce jour, aucune observation directe *in situ*. Les estimations de la localisation et de la saison de ponte de ces poissons reposent sur deux sources d'information indirectes. D'une part, on récolte, à l'aide de filets à plancton, des œufs et des larves leptocéphales à des distances variées des frayères océaniques : la mer des Sargasses pour les deux premières espèces, l'océan Pacifique pour l'espèce asiatique. Et l'on combine ces données à des études sur la circulation des grands courants océaniques au sein desquels les anguilles migrent. D'autre part, on détermine les âges des larves civelles, qui résultent de la métamorphose des leptocéphales lors de leur arrivée près des côtes continentales, à partir des stries journalières de croissance inscrites concentriquement dans les pièces minéralisées (carbonate de calcium et strontium) de leur oreille interne, les otolithes*. Ces âges fournissent des informations indirectes sur la distance séparant le lieu de ponte du lieu d'arrivée des civelles.

Une levée hydrostatique d'inhibition hormonale

Les conditions même de la maturation sexuelle des anguilles demeurent incomplètement comprises. On sait seulement que celle des ovaires et des testicules, chez les anguilles argentées des deux sexes, demeure inhibée durant leur vie continentale. La raison en est un blocage de l'axe hypothalamus-hypophyse-gonade (HHG) lié à un déficit en une hormone, la GnRH *(gonadotropin-releasing hormone)* couplé à une inhibition de la sécrétion de la gonadotropine GTH par la dopamine, un neuropeptide. La levée d'inhibition se produit durant la migration transatlantique vers la mer des Sargasses, sous l'effet conjugué de la pression hydrostatique – les fortes pressions liées à une nage à plusieurs centaines de mètres de profondeur – et de l'exercice physique. Des chercheurs ont pu le démontrer expérimentalement, d'une part chez des anguilles argentées placées, les unes dans des cages immergées en profondeur, et d'autres placées dans un « tunnel de nage » dans lequel on leur fait accomplir un parcours de 5 500 kilomètres qui simule leur « voyage sargassien ».

Rendez-vous secrets

Pour le reste, on ignore à peu près tout des modalités de l'accouplement et de la ponte des géniteurs, aucune anguille argentée n'ayant jamais été capturée sur ses aires de ponte. Une communication chimique entre les géniteurs est susceptible de jouer un grand rôle dans leur reproduction. En effet, elles ont une grande sensibilité olfactive (63) vis-à-vis des substances chimiques émises par leurs congénères (phéromones*) et contenues dans leur bile, leur mucus ou leur urine. Cette sensibilité est optimale au cours de la maturation sexuelle obtenue en laboratoire. Des mâles immatures mis en contact de femelles dont la maturation sexuelle a été artificiellement induite par des œstrogènes de synthèse subissent à leur tour une maturation. Pour autant, comment les femelles retrouvent-elles les mâles, sachant que la migration de ceux-ci a précédé dans le temps celle des femelles ? Mystère…

Un certain « communautarisme » inexpliqué

Le plus remarquable, c'est que les géniteurs respectent leur origine populationnelle européenne (balte, bretonne, méditerranéenne…) lors des accouplements et que les larves leptocéphales sont dirigées dans des courants océaniques transatlantiques qui les ramènent sur les lieux même d'origine de leurs parents (14). Là encore, les causes de ces phénomènes restent énigmatiques. L'Homme connaîtrait-il mieux la Lune et la planète Mars que ce qui se déroule dans le Triangle des Bermudes ?

50. AMOURS... INTÉRESSÉS

Choisir les meilleurs sites

Les succès amoureux dépendent souvent, non seulement de la persuasion des mâles, mais aussi du nombre et de la disponibilité des femelles sur le « marché du sexe ». Les ressources en femelles peuvent varier d'un site à l'autre et dépendre de la qualité des habitats que leur offrent les mâles. Les femelles sont plus intéressées par la qualité du site que par celle de leurs occupants...

Le **cyprinodontidé** *Cyprinodon bifasciatus* vit dans les eaux douces américaines, soit sur des fonds durs rocheux, soit sur des fonds nus argileux, les premiers étant plus attractifs que les seconds en raison de leurs richesses respectives en abris et en nourriture. Les sites rocheux sont très appréciés des femelles qui privilégient la sécurité. Les mâles qui les habitent, sachant que leur « cote » s'en trouve accrue, réduisent leur effort de cour (38) et se montrent plus sélectifs. Ils rejettent même un plus grand nombre de femelles à la différence de leurs congénères des fonds les moins attractifs qui doivent déployer davantage d'efforts et se montrer d'habiles courtisans, évitant de se montrer trop difficiles en acceptant, comme partenaires, toutes les femelles accessibles. Il faut savoir profiter des « bons sites » pour obtenir « de bons coups »...

51. AMOURS...
INUSITÉS

Coïts en tous genres

L'éventail des comportements sexuels adoptés par les poissons est particulièrement riche et original, comme en témoignent les modalités très variées d'accouplement, faites parfois de subtilités. Que d'imagination dans « l'art d'aimer » !

Des mâles qui « en pincent » pour les femelles

Le mâle du **priape** du Vietnam ou **mandarin du delta du Mékong** *(Phallostethus cuulong)*, un petit poisson (2 cm) appartenant à la famille des phallostéthidés (*phallos* = pénis, *stetho* = poitrine, un phallus sous le cou en quelque sorte), dont le nom fait référence à Priape, dieu grec de la virilité physique, possède un appareil reproducteur très original. Cette bizarrerie de la nature permet un « accouplement céphalique » : l'orifice génital du mâle est situé juste derrière sa tête et ses nageoires

Accouplement du priape du Vietnam *(Phallostethus cuulong)*: le mâle, au 1er plan, enserre la tête de la femelle (arrière plan) avec son dispositif de crochets céphaliques et féconde ses ovocytes émis à l'arrière de la tête.

pelviennes sont modifiées de façon à capturer et à retenir une femelle le temps d'un accouplement.

Plus précisément, une pièce osseuse dentelée (le *cténactinium*) est capable, tel un peigne mobile replié sous sa tête, de se rabattre vers une autre pièce (le *toxoctinium*), tous deux fonctionnant comme une pince qui sert à agripper et à enserrer la tête de la femelle. L'ouverture génitale de cette dernière étant également située à l'avant du corps, la fécondation interne des ovocytes peut ainsi se réaliser (Figure). Un tel « accrochage » constitue un véritable « tête à tête » amoureux entre les deux conjoints, un « piège à filles » (qui fait « crac, boum, hu » ?).

Les buveuses de sperme

Les femelles du **poisson-chat** siluriforme du genre *Corydoras* pratiquent le *sperm drinking*: elles avalent les spermatozoïdes éjaculés par les mâles et enrobés de mucosubstances (mucines) protectrices. Les gamètes mâles cheminent ensuite, intacts, dans son tube digestif puis fécondent les ovocytes portés par les nageoires pelviennes au voisinage de l'anus. La survie des spermatozoïdes, lors du transit intestinal, est favorisée par une bonne oxygénation de l'intestin en raison d'une respiration originale, à la fois aérienne et intestinale. Ce transit intestinal du sperme est tout à fait novateur.

Chez le **sébaste-chèvre** ou **rascasse du fond** *(Helicolenus dactylopterus)* (scorpænidé), la femelle stocke le sperme des mâles dans son ovaire, ce qui rend possible les fécondations retardées et allonge la période de fécondation des ovocytes. La survie prolongée des gamètes mâles durant plus de 10 mois est favorisée par plusieurs mécanismes. D'une part, les spermatozoïdes présentent un caractère remarquable, si ce n'est exceptionnel : une quantité significative de cytoplasme autour du noyau de leur tête, qui fonctionne comme un réservoir alimentaire. D'autre part, des substances nourricières (mucopolysaccharides) sont sécrétées par des cellules ovariennes, là où sont hébergés les spermatozoïdes. En outre, un mécanisme de « protection immunitaire » évite aux gamètes mâles d'être détruits par des anticorps et des cellules phagocytaires. Il repose sur l'existence de jonctions serrées entre les cellules épithéliales de l'ovaire, ce qui garantit l'étanchéité immunologique du compartiment abritant le sperme, une protection immunitaire classique chez les vertébrés. À l'approche de la fécondation, leur cytoplasme ayant diminué, les spermatozoïdes qui flottent dans le liquide occupant la lumière ovarienne deviennent hydrodynamiques et assurent la fécondation *in situ* des ovocytes. La ponte achevée, les jonctions serrées se désorganisent, ce qui favorise l'élimination des spermatozoïdes résiduels désormais inutiles. Astucieux !

Une véritable contraception

Des femelles qui sont très sollicitées par les mâles et souvent harcelées (12) sont capables de pratiquer un certain « contrôle des naissances » par un refus d'accouplement, une réduction volontaire de fécondité ou même une totale abstinence sexuelle. Ainsi, des images filmées d'accouplement réalisées chez le **requin de récif** du Costa Rica (*Triaenodon obesus*) ont montré qu'une femelle non consentante est capable de tourner son corps et de courber sa partie caudale afin d'empêcher la pénétration, dans son cloaque, de l'organe copulateur du mâle (ptérygopode). Elle conserve ainsi la possibilité de refuser un accouplement, en cela aidée par le fait que le mâle, qui la maintient sur le fond, est rapidement dans l'obligation de relâcher son étreinte à cause d'une privation d'oxygène due à l'arrêt de ses mouvements de nage. Copuler ou se noyer, il faut choisir !

Chaque année, les **morues** ou **cabillauds** *(Gadus morhua)*, dans la mer de Barents, sont confrontées à un choix : assurer une descendance ou bien grandir. Leur comportement est ajusté aux conditions environnementales, en particulier à la disponibilité en nourriture et au taux de mortalité (naturelle ou par pêche) de la population. L'énergie dont dispose le poisson, qui s'accumule de façon limitée, généralement sous la forme de graisses corporelles, peut être allouée, selon l'âge du poisson et selon les moments et les circonstances, soit à sa survie hivernale, soit à sa croissance, soit encore au développement de ses gonades. Un tel « choix », qui est crucial pour leur avenir, concerne surtout les femelles chez lesquelles la ponte est éprouvante sur le plan énergétique compte tenu du nombre considérable d'ovocytes produits (plusieurs millions parfois).

Il existe une relation étroite entre la quantité de réserves accumulées dans leur foie et leur fécondité, qui dépend directement de leur passé nutritionnel. En cas de pénurie de réserves énergétiques, les femelles peuvent alors décider de surseoir à leurs exigences génésiques et renoncer à participer à la ponte annuelle qui réunit leurs congénères. Ainsi, certaines d'entre elles, surtout des individus jeunes qui n'ont pas disposé d'une nourriture suffisante, omettent de pondre certaines années et pratiquent un véritable « repos sexuel ». Mieux vaut remettre à plus tard la décision de procréer que de dilapider ses réserves et de risquer de ne pas survivre l'hiver suivant, consécutivement à une perte trop considérable d'énergie. Les poissons s'économisent alors afin d'être « meilleurs » l'année suivante. Une sorte de « planning familial »…

Des fécondations « hydroguidées à distance »…

D'autres adaptations originales concernent plus directement la fécondation. Le mâle de la **bouvière** *Rhodeus* sp. éjacule son sperme, non pas au voisinage de sa compagne au moment où elle émet ses ovocytes comme chez la grande majorité des espèces, mais au niveau du « siphon inhalant » des moules d'eau douce à l'intérieur desquelles leur compagne a déposé ses ovocytes, laissant au courant d'eau entrant par ce siphon le soin de « faire le reste » (Figure page suivante). Les grands mâles du **lamprologue** *Lamprologus pulcher* ont une taille trop élevée (jusqu'à 10 cm) qui ne leur permet pas d'entrer dans les coquilles de gastéropodes où sont réfugiées les femelles (40 mm) (Figure p. 85) (49). Ils sont contraints d'éjaculer à l'extérieur des nids. Leur sperme, entraîné par un courant d'eau, entre alors en compétition avec celui des petits mâles *sneakers* (2) qui ont pénétré dans les coquilles et qui ont ainsi l'occasion de féconder les ovocytes des femelles *in situ* en toute tranquillité.

Un couple de bouvières *Rhodeus* sp. : la femelle (à droite) dépose ses ovocytes entre les lamelles branchiales d'une moule d'eau douce à l'aide de son long ovipositeur introduit dans son siphon exhalant, tandis que le mâle éjacule son sperme à proximité de son siphon inhalant afin d'assurer des fécondations à l'intérieur du mollusque.

… et même en l'absence du mâle

Plus fort encore, le mâle du **gobie** *Zosterisessor ophiocephalus* parvient à féconder les ovocytes d'une femelle sans être… présent. Avant d'attirer les femelles dans son nid, le mâle badigeonne de sperme les parois de celui-ci. Après le dépôt des ovocytes, les spermatozoïdes se dégagent peu à peu de la gangue muqueuse (mucopolysaccharides) qui les emprisonnait momentanément et assurent leur fécondation tandis que le mâle vaque à d'autres occupations. Des fécondations par procuration… il fallait y penser !

52. AMOURS...
INVERSÉS

Des mâles enceints

Chez les syngnathidés, les mâles sont peu nombreux. Ce sont les femelles qui sont impliquées dans une compétition intrasexuelle entre rivales et dans des comportements de cour lors des préliminaires de la reproduction, telle des « danseuses de la mer » (38). Mais l'originalité de leur reproduction ne s'arrête pas là : les pontes sont totalement abandonnées par les femelles, « émancipées », et sont confiées à la garde des mâles pendant toute l'incubation, jusqu'à l'éclosion et au-delà. Des mâles « au foyer » en quelque sorte.

Chez le **syngnathe des lagunes** *(Syngnathus abaster)*, la femelle, conquérante et plus grande que le mâle, engage les préliminaires par une danse ritualisée, vacillante et saccadée, avec des mouvements d'oscillation, des tremblements, des frétillements et des frôlements lorsqu'elle monte et descend dans la colonne d'eau au-dessus des herbiers où sont positionnés les mâles. Sa papille génitale gonfle au fur et à mesure de son rituel

Le mâle du dragon feuillu de mer australien *(Phycoduras eques)* porte, comme tous les syngnathes, les œufs déposés par sa partenaire sur la face ventrale de son abdomen, jusqu'à leur éclosion.

de cour. Elle parvient à ses fins en déposant ses ovocytes, à l'aide d'un tube « ovipositeur », dans la poche ventrale incubatrice d'un mâle qui s'est proposé. Celui-ci, ainsi « engrossé », est aussitôt abandonné à son triste sort et il ne lui reste plus qu'à couver les œufs, à nourrir les embryons et à protéger sa future progéniture tandis que sa compagne d'un instant, volage, s'emploie à séduire d'autres mâles (trois en 30 minutes) et à déposer chez eux une autre partie de ses ovocytes. De son côté, un même mâle peut aussi se laisser « séduire » à diverses reprises et succomber plusieurs fois aux charmes de plusieurs femelles : des œufs émanant de quelques-unes d'entre elles sont retrouvés dans sa poche d'incubation. Il mettra au monde, à l'issue de quelques semaines de gestation et lors d'un accouchement, de 10-60 petits syngnathes. Un vrai « père nourricier » !

Un accouplement « inversé » d'hippocampe : la femelle (à droite) dépose ses ovocytes dans la poche ventrale du mâle qui va les incuber. Le couple se dissimule dans la végétation des herbiers littoraux.

Chez d'autres syngnathes, tels le **nérophis** *(Nerophis lumbriciformis)* et le **dragon feuillu de mer** australien *(Phycodurus eques)*, chez lesquels les mâles n'ont pas de poche incubatrice, les œufs sont collés sous leur ventre (Figure ci-contre). Le mâle de l'**hippocampe** *Hippocampus guttulatus* possède, quant à lui, une « poche d'incubation » (ou *marsupium*, à l'image de la poche marsupiale des kangourous) capable d'héberger les pontes de sa partenaire à laquelle il demeure parfois fidèle (Figure ci-dessus) (24). Il manifeste un grand dévouement dans la protection des œufs qu'il incube et qui proviennent parfois de plusieurs femelles. Les juvéniles, après avoir été « mis bas », suite à des mouvements abdominaux saccadés du mâle, quittent « le giron paternel » et sont abandonnés à leur sort, ignorant que leurs pères ont, peut-être, connu les douleurs de l'enfantement !

53. AMOURS…

JALOUX

Reines du sexe

De même que les mâles s'évertuent à chasser leurs rivaux afin d'asseoir leur domination sexuelle et de gagner le plus grand nombre possible d'accouplements et de succès reproductifs (41-45), les femelles savent aussi défendre leurs intérêts et se montrer peu charitables entre elles, démontrant des aptitudes « monarchiques » en maintes circonstances. L'amour est égoïste et, entre candidates à la reproduction, on ne se fait pas de cadeaux…

Les grandes femelles de la **gambusie** *Gambusia holbrooki,* sont dominantes, situées au sommet de la hiérarchie sociale. Se sachant les plus recherchées par les mâles, elles tentent, en Australie où elles ont été introduites, de monopoliser leurs faveurs par un surcroît d'activité. Conséquence : les petites femelles, subordonnées, ont de moindres occasions d'accouplement. Les grandes femelles ne se contentent d'ailleurs pas de priver les petites de conjoints, mais cherchent aussi à leur interdire l'accès à la nourriture, quitte à la leur voler..., ce qui limite leur croissance et les confine dans un statut social inférieur. Malheur aux vaincues! Il n'y a pas de Saint-Bernard dans les amours de poissons...

54. AMOURS...

JUVÉNILES

Des reproducteurs miniatures

La plupart des poissons sont immatures durant une période dite juvénile et c'est seulement après un laps de temps plus ou moins long, parfois de plusieurs années, que leurs glandes génitales deviennent fonctionnelles. Il existe cependant des exceptions chez des poissons à durée de vie courte et dont la maturité sexuelle est précoce, bien que leurs caractères morpho-anatomiques ne soient pas ceux d'un adulte. On parle de « pædomorphose » ou de « néoténie ».

Les femelles du **gobie-nain** des récifs coralliens australiens (*Schindleria praematura,* 7 mm, 8 mg) atteignent leur maturité sexuelle à l'âge de 37 jours... D'autres femelles de gobies tropicaux comme le **gobie-pygmée** *(Eviota pellucida)* et le **gobie transparent** *(Aphia minuta)* se reproduisent aussi à de très petites tailles (respectivement 3 cm et 7 cm), leurs ovaires demeurant peu volumineux et comptant un nombre limité d'ovocytes. La vie est courte, un an ou moins, chez ces gobies.

Les **cyprinodontes** des genres *Notobranchus* (Afrique) et *Cynolebias* (Amérique du Sud) sont des petits poissons dits « annuels » qui occupent temporairement des points d'eau durant la saison humide avant qu'ils ne s'assèchent. De telles conditions de vie difficile imposent une reproduction précoce, avec dépôt d'œufs résistants (coque dure et épaisse) dans le substrat de tourbe et incubation « à sec », dans l'attente du retour des pluies… Ces géniteurs à vie très courte sont des maîtres dans l'art de l'anticipation…

55. AMOURS... KAFKAÏENS

Le cauchemar du noir

Les **poissons-pêcheurs** cératoïdés ont été « peu gâtés par la nature » et ont bien de la peine à vivre leurs amours. Ces espèces bathypélagiques* des eaux profondes vivent dans une obscurité totale permanente, un « noir éternel », dans le froid (quelques degrés), avec de rares proies accessibles et des congénères peu nombreux et très dispersés. Les individus doivent déployer d'énormes efforts pour tenter de localiser le partenaire de leurs rêves... Les mâles, qui mesurent quelques centimètres utilisent leur odorat pour une rencontre très aléatoire avec une femelle de taille bien supérieure à la leur (23 cm chez *Ceratias*, 70 cm chez *Linophryne*) dont ils détectent olfactivement les phéromones*.

Une fois une femelle localisée ils s'y fixent définitivement grâce à leurs dents et à leurs mâchoires (37), menant alors une vie de parasites, au détriment de leur liberté (Figure p. 108). Les femelles sont, de leur côté, condamnées à passer toute leur existence avec les mêmes mâles « attachés à leurs basques » (des « mâles-sangsues » !) dont elles ne peuvent se libérer… Cependant, les mâles sont probablement nombreux à ne jamais trouver la « femelle-nourricière ». Ils meurent alors d'épuisement sans avoir jamais connu l'amour. Une vie de galère qui conduit à devoir choisir, soit une complète aliénation à une partenaire « obligée » en cas de succès amoureux, soit une mort rapide en cas d'échec…

56. AMOURS... LÉGITIMES

Du sexe certifié conforme

Au moment de « convoler », les géniteurs des deux sexes disposent préalablement d'une grande diversité d'informations relatives à l'espèce, au sexe, et à la parenté des candidats, grâce à la réception d'une multitude de signaux visuels, olfactifs, auditifs, parfois tactiles et électriques, utilisés séparément ou de façon complémentaire (69). Attention ! Danger de mésalliances !

Le dimorphisme sexuel peut intéresser une variété de « caractères sexuels secondaires » : la taille de la nageoire dorsale, que les mâles des **mollies** *Pœcilia mexicana* brandissent tel un étendard ; l'organe copulateur, le gonopode, chez les mâles de **guppy** *(Pœcilia reticulata)* ; la poche incubatrice ventrale chez les mâles d'**hippocampes** *Hippocampus* sp. Les mâles et les femelles peuvent aussi faire appel à des nuances de comportement, telles que la parade nuptiale selon le type de nage chez des épinoches (38), la construction de nids selon une architecture propre chez des cichlidés (62), etc.

Annoncer la couleur et bien la réceptionner

Divers pigments de couleur rouge ou orangée, bruns ou noirs, mais aussi parfois verts sont responsables d'une coloration spécifique des « livrées nuptiales » (13). Outre un rôle de camouflage, ils sont utiles à la reconnaissance des espèces et traduisent aussi un « dichromatisme sexuel » entre les mâles et les femelles au moment de la reproduction, moyen efficace d'éviter de se tromper de partenaire sexuel. Par exemple, le mâle de **l'épinoche commune** *(Gasterosteus aculeatus)* présente une coloration nuptiale avec une gorge et un ventre rouges. Le système visuel (rétinien) des femelles est devenu plus sensible aux radiations rouges (λ de 620 nanomètres*), ce qui favorise leurs préférences sexuelles pour ce type de mâle « flamboyant » (13). Certains signaux visuels peuvent ne pas intéresser la totalité de la couleur corporelle mais se limiter à certaines parties du corps. Les mâles de deux espèces de **mérous** du Golfe du Mexique, *Mycteroperca venenosa* et *M. tigris*, présentent une coloration spécifique différentielle intéressant leurs mâchoires et leurs pectorales. Ceux de la première espèce possèdent des taches jaunes des deux côtés de la mâchoire inférieure tandis que les femelles ont une mâchoire inférieure rouge ; ceux de la seconde espèce présentent des pectorales uniformément sombres tandis que celles des femelles sont orangées et brillantes. Ces couleurs sont bien visibles dans les eaux claires de leurs habitats, même à 35 mètres de profondeur, et favorisent la rencontre des partenaires sexuels au cours des agrégations de ponte (40).

La valeur informative du mucus, de l'urine et des fèces

Du côté des odeurs, les stéroïdes sexuels tels que l'androgène 11-kétotestostérone sécrété par les mâles et des prostaglandines* excrétées par les femelles, dans l'urine, la bile et les fèces, jouent un rôle important dans la reconnaissance, « à longue distance », des espèces et des partenaires sexuels (63). Ainsi, les femelles de diverses espèces de **cichlidés** *(Oreochromis mossambicaus, Tropheus moorii, Neolamprologus pulcher, Lamprologus callipterus...)* sont particulièrement sensibles à des signaux spécifiques émis dans leur urine par les mâles de leurs espèces respectives. Les **épinoches** tendent à mémoriser, sous la forme d'une empreinte *(imprinting)* chimique, les odeurs des phéromones* parentales durant leur séjour précoce dans le nid de ponte (64). Des signaux olfactifs permettent également à certains poissons d'identifier les membres de leur propre famille et de les distinguer de non-familiaux. Ces signaux sont émis dans le mucus, l'urine et les fèces et ont valeur de « messagers génétiques » (63), en particulier ceux en rapport avec le « complexe majeur d'histo-compatibilité » (CMH) qui sont utilisés pour favoriser les croisements avec des individus de parenté nulle ou lointaine et permettent de rejeter les croisements incestueux (48).

Dis-moi comment tu chantes, je te dirai qui tu es...

Des espèces ont, en outre, la capacité d'émettre et de percevoir des sons spécifiques avec une grande précision, en fonction de leurs fréquences, et ainsi de communiquer en identifiant à la fois l'espèce et le sexe de son auteur. Les sons transmis (leur vitesse de propagation est 5 fois plus rapide dans l'eau que dans l'air) ont valeur de « chants d'amour » et de « chants de ponte » : ils attirent les géniteurs de l'autre sexe.

La femelle du **gobie** *Neogobius melanostomus* est capable de différencier les sons émis par les mâles de son espèce de ceux émanant d'autres gobies sympatriques* tels que *Padagobius bonnelli* et *Gobius niger*. Les caractéristiques acoustiques (fréquence entre 170-190 Hertz, durée de quelques centaines de millisecondes, structure temporelle) des émissions permettent, grâce à une discrimination précise et à une sélection des signaux émis sur la « scène sonore », la formation de couples assortis parmi toutes les espèces de gobies qui vocalisent ensemble. Le mâle du **gobie de sable** *(Pomatoschistus minutus)* dispose, au-dessus du nid qu'il confectionne à l'aide d'une valve de coquille de lamellibranche (moule, coque), un empilement de sable. Lorsque, positionné à l'intérieur de ce nid, il produit des sons de moins de 500 Hertz destinés à appeler les femelles, ceux-ci sont amplifiés jusqu'à 12 décibels grâce à ce dispositif architectural. Les femelles – qui ne sont pas sourdes – sont invitées à venir célébrer leurs amours dans cette « audiothèque ». Qui y résisterait ?…

De l'électricité dans… l'eau

Last but not least, les signaux reproducteurs peuvent être… électriques. Les « poissons faiblement électriques » vivant dans les eaux sombres des marais africains éprouvent des difficultés à communiquer par voie visuelle. Ils font appel, non seulement à des signaux acoustiques, mais aussi des signaux émis par leur « organe électrique » sous la forme d'ondes électriques dont les caractéristiques de fréquence et de durée sont à la fois spécifiques et différentes entre les sexes. Ainsi, les femelles des

mormyres des genres *Gnathonemus* et *Pollimyrus* et de **gymnotiformes** comme *Apteronotus* ont l'aptitude à reconnaître les mâles de leurs espèces respectives en fonction des fréquences d'émission (600-1 000 Hz*) et des intervalles (10-100 millisecondes) entre les trains d'ondes électriques (26).

57. AMOURS…
LIBERTINS

Polygamie générale !

La fidélité conjugale est un comportement rarissime chez les poissons et les couples associés « pour la vie » sont assez exceptionnels (24). La plupart des espèces pratiquent couramment une polygamie : des accouplements multiples avec des partenaires différents au gré de rencontres successives et variées. Cette large liberté sexuelle est particulièrement fréquente chez les espèces pélagiques (sardines, anchois, maquereaux, thons…) dont les partenaires ne s'identifient pas (4), en particulier au sein de grands groupes associés au cours d'une vaste débauche sexuelle (28). La polygamie intéresse aussi de nombreuses espèces aux comportements sexuels plus élaborés qui pratiquent, en préalable à leurs accouplements, des comportements de cour et une sélection sexuelle. Bien que s'étant choisis plus ou moins réciproquement, les partenaires ne sont engagés en rien dans la durée et disséminent leurs gènes au sein de la population en distribuant leurs gamètes à un nombre plus ou moins grand de partenaires…

Des coureurs invétérés

L'accouplement de mâles avec plusieurs femelles (polygynie*), au cours d'une même période de reproduction, est considéré comme une stratégie bénéfique pour eux car ils accroissent leur succès reproductif en distribuant leurs gènes au sein de la population de femelles.

Les mâles du **guppy** *(Pœcilia reticulata)* sont souvent cités comme des modèles de comportement « libertin » : ils sont capables de chercher à inséminer les femelles de leur entourage à raison de plusieurs dizaines de fois par minute…, les petits mâles, les *sneakers*, étant souvent les plus actifs dans la recherche de vols de fécondations (2).

Chez le **cichlidé** *Neolamprologus pulcher* des Grands Lacs africains se rencontrent deux catégories de mâles, les uns polygames et les autres monogames, qui diffèrent entre eux par la taille et par leur investissement gonadique, avec une propension naturelle à la polygamie. Les mâles polygames, les plus grands, possèdent plusieurs territoires, chacun d'eux occupé par une femelle reproductrice. Leurs testicules sont de plus grande taille et leur taux sanguin en hormones androgènes 11-kétotestostérone plus élevé. Les femelles sont, le plus souvent, contraintes d'accepter des accouplements plus ou moins forcés.

Inversement, des femelles qui s'accouplent avec des mâles différents pendant un épisode reproductif (polyandrie*), cela constitue plus souvent la norme que l'exception. Paraissent-elles volages et doivent-elles être considérées pour autant comme « de petite vertu » ?… Il n'en est rien tant sont évidents les avantages d'un tel comportement pour la population : maintenir et amplifier la diversité génétique !

Il existe tout d'abord une polyandrie* « par nécessité ». Chez *Nerophis lumbriciformis* et *Syngnathus typhle*, deux espèces de syngnathes, les rôles sexuels sont inversés : les mâles portent les œufs sous leur ventre ou dans une poche incubatrice dite marsupiale, et les femelles, plus nombreuses que les mâles, s'accouplent avec plusieurs d'entre eux (52). Ces femelles « émancipées » produisent parfois plus d'œufs que chacun des mâles ne peut en accepter, ce qui les conduit à déposer leurs ovocytes sur la face ventrale ou dans la poche marsupiale de plusieurs mâles. Ainsi, les ovocytes d'une seule femelle d'un autre syngnathe, *Syngnathus scovelli*, peuvent être hébergés simultanément par quatre mâles.

Insatiables, mais par devoir

Et puis, il y a des polyandres « par devoir ». Chez les femelles du **guppy**, la polyandrie* est avantageuse non seulement pour la fécondité individuelle des femelles, mais aussi pour l'enrichissement génétique de la population. En effet, au cours des multiples accouplements avec plusieurs mâles différents, ces femelles reçoivent plusieurs catégories de sperme et produisent des descendants plus nombreux, plus grands et aux génomes diversifiés en raison de ces multiples paternités. Expérimentalement, l'activité d'accouplement des femelles est supérieure en présence de trois mâles que si un seul mâle leur est proposé. Cela montre que les femelles se prémunissent ainsi contre le risque d'accouplements avec des individus stériles, peu fertiles ou génétiquement incompatibles avec elles ; elles accroissent leurs chances d'être « bien fécondées ». Une telle « soif de sexe » des femelles ne connaît pas de limite, car une restriction alimentaire liée à des conditions hydrologiques difficiles n'affecte pas leur activité sexuelle. Ces femelles ont « de la santé ».

Polyandrie préventive, polyandrie subie

La polyandrie* peut être aussi « de précaution ». Les femelles des **cichlidés** *Promelas spiloterus* et *Pseudotropheus zebra*, du lac Malawi, s'accouplent respectivement avec un à trois mâles et avec cinq à six mâles, réduisant les risques de prédation qui se produisent lors de la recherche d'un mâle particulier. Chez la **perche américaine** (*Cymatogaster aggregata)* de la côte Pacifique, les femelles s'accouplent avec en moyenne cinq mâles et jusqu'à huit mâles, étant ainsi toujours assurées de disposer d'un potentiel de fécondation élevé, ainsi qu'en témoignent les descendants issus de multiples paternités qui possèdent un taux élevé d'hétérozygotie* et une grande diversité génétique.

Il arrive enfin que la polyandrie ne résulte pas d'un choix délibéré des femelles mais soit, comme chez la **gambusie** *Gambusia holbrooki* la conséquence d'un harcèlement sexuel opéré par les mâles, les tentatives d'accouplements coercitifs étant de une par minute (12).

Ainsi, polyandrie et polygynie* ne traduisent en rien une propension de ces poissons à vivre dans la « débauche ». Un tel comportement « libertin » offre, au contraire, l'avantage de favoriser des échanges géniques au sein de la population et de créer un « brassage » favorable à la diversité génétique de l'espèce mais aussi de limiter les risques d'échecs reproductifs en ne mettant pas tous leurs gamètes « dans le même panier » ! « *L'amour d'un seul est barbare car c'est au détriment de tous les autres...* » (Nietzsche)

58. AMOURS… MINUTÉS

Pas de place pour les retardataires

La reproduction des poissons obéit à un *timing* généralement rigoureux. La descendance rencontre ainsi, à une période bien déterminée, des conditions environnementales propices à sa survie et à sa croissance : une grande disponibilité des proies, des courants favorables permettant un maintien sur place ou bien un transport des larves, des abris contre les prédateurs ou des conditions lumineuses favorables à son camouflage… À une horloge biologique saisonnière (68) se surajoute une horloge biologique horaire inscrite dans le cycle jour-nuit (photopériode). Elle suppose que les concentrations de géniteurs, leur rencontre et leur activité de ponte se déroulent à une heure bien précise de la journée et pendant une durée bien déterminée. Parfois sous conditionnement thermique ou sous influence lunaire (cycle des marées : rythmes tidaux*), ces rythmes de ponte sont généralement synchronisés étroitement à la lumière solaire ou lunaire et contrôlés rigoureusement par la photopériode. Ces événements se répètent invariablement d'année en année, le Soleil et la Lune constituant les grands « synchronisateurs » de ces amours.

Chaque poisson possède, inscrite dans ses gènes, la mémoire des impératifs horaires propres à son espèce et à sa population qui, localement, s'y est adaptée depuis des générations. Tous les géniteurs mûrs sont donc, tous en même temps, fins prêts pour la « Grande aventure amoureuse » commune. Respecter les traditions ancestrales est le meilleur moyen de réussir. Se reproduire est une activité trop sérieuse pour donner lieu à une quelconque improvisation et à la moindre fantaisie...

Pontes ponctuelles

Le **mérou brun** *(Epinephelus marginatus)* est particulièrement fidèle à un *timing* horaire. Les géniteurs se regroupent pour leurs comportements de cour (36) et les pontes ont lieu, en Méditerranée (Iles Medes), au cours de l'été, au moment du coucher du Soleil, entre une heure avant et 30 minutes après celui-ci, lorsque la lumière crépusculaire décroît, donc au moment où les risques de prédation des œufs fraîchement pondus sont moindres. De même, les géniteurs de deux espèces de **mérous tropicaux** de la Grande Barrière australienne, *Plectropomus leopardus et P. maculatus*, se réunissent à la nouvelle Lune de la fin du printemps et de début d'été pour une ponte crépusculaire qui se produit invariablement entre 17 heures et 19 heures La Saint Valentin des mérous...

Le **lutjan** *Lutjanus cyanopterus* a également des rendez-vous amoureux très précis au cours des mois d'avril et de mai : à partir de 17 h 45, les partenaires des deux sexes accomplissent des *rushes* vers la surface (40), libérant conjointement leurs gamètes entre 40 minutes avant et 10 minutes après le coucher du Soleil. Bien que la lumière ambiante soit déclinante, les œufs font l'objet d'une intense prédation par diverses espèces oophages qui ne manquent pas un tel rendez-vous. Eux aussi savent lire l'heure. Une parfaite « organisation horlogère »…

De nombreux **labridés** récifaux, comme le **labre à trois taches** *(Halichoeres trimaculatus)* de l'Indo-Pacifique, présentent des pics de ponte diurnes liés au cycle des marées, avec une préférence pour les marées hautes des périodes de pleine et de nouvelle Lune, se déroulant en fin de nuit et en début de matinée, à heure fixe, entre 6 heures et 9 heures Le cycle de maturation des ovaires, sous un contrôle hormonal impliquant l'axe hypothalamus-hypophyse-gonade, est synchronisé à la fois avec la lumière du jour et avec les marées, de telle sorte que la ponte des ovocytes mûrs favorise la dispersion océanique des œufs puis des larves. Savoir lire « l'heure des amours » et ne pas rater ce rendez-vous, non seulement saisonnier, mensuel, hebdomadaire et horaire, est impératif pour tous les géniteurs.

59. AMOURS… MORTIFÈRES

Voyages sans retour

Certaines espèces de poissons ne se reproduisent qu'une seule fois dans leur existence. Les unes sont limitées par une durée de vie trop courte, comme le sont les poissons dits « annuels » : petits gobies et petits cyprinodontes qui atteignent leur maturité sexuelle très précocement, avant de disparaître à l'issue de leur unique reproduction (54). Les autres, en revanche, vivent plusieurs années avant d'atteindre leur première maturité sexuelle et de connaître des amours uniques au terme de leur vie dans des « rivières sans retour », cas des saumons, ou lors d'un irréversible voyage océanique, comme les anguilles.

Le sens du sacrifice

Le cas le plus démonstratif d'amours mortifères est celui des **saumons du Pacifique** : le *sockeye (Oncorhynchus nerka)*, le *coho*

(O. kisutch), le *chinook* (*O. tshwystscha),* le *pink* (*O. gorbuscha),* le *chum* (*O. keta*) de la côte occidentale des États-Unis et du Canada. « L'appel des frayères », puis celui de l'océan, sont profondément ancrés dans le génome de ces saumons. La preuve ? Après une interruption de toute migration durant 25 générations successives, suite à la construction de barrages infranchissables sur la rivière Columbia, en 1927 et en 1941, des saumons *sockeye* ont été capables, en 2007-2008, de retrouver intact leur comportement migratoire dès qu'ils ont pu effectuer à nouveau leurs déplacements. Un atavisme des saumons.

Parvenus pour quelques semaines sur leurs frayères, situées généralement en amont des cours d'eau, les géniteurs s'accouplent et déposent leurs œufs fécondés dans des « nids » creusés par les femelles dans des graviers. Leur œuvre de procréation achevée, ils subissent rapidement une dégénérescence sénile, inéluctable car génétiquement programmée, qui frappe tous leurs organes. Des enzymes, les cathepsines, induisent une destruction cellulaire généralisée qui provoque leur mort rapide. Les frayères qui les ont vus naître et qui ont été leur berceau deviennent leur tombeau. Unique et mortel amour !

Les **saumons atlantiques** *(Salmo salar)*, eux, ne subissent pas une telle mort programmée. La plupart des géniteurs reviennent se reproduire avec succès sur leurs frayères et sont même capables de rééditer plusieurs fois leurs « exploits » migratoires et reproductifs…

Le sacrifice des saumons du Pacifique n'est cependant pas inutile. Leurs cadavres, qui se décomposent sous l'action de bactéries, fertilisent la rivière, ce dont profitent les saumoneaux de la nouvelle génération et aussi les ours, les aigles pygargues, les mouches et autres insectes, et même les arbres de la forêt bordant les berges… Ces saumons sont des bienfaiteurs des forêts.

Victimes de la vie conjugale

Il peut aussi arriver que les individus ne puissent se reproduire plus d'une fois par accident – sans parler des cas de prédation. Chez le **requin blanc** *(Carcharodon carcharias)*, certaines femelles sont victimes des « violences conjugales » que leur infligent les mâles au moment des copulations violentes (75), les hémorragies produites provoquant des attaques mortelles par leurs congénères. Des mâles du **cichlidé** *Pseudochromis cyanotaenia* se font tuer par des femelles conjointes, particulièrement agressives après la ponte. Le crime d'amour est sans doute assez universel. Éros et Thanatos…

60. AMOURS… NOUVEAUX

Le charme de l'originalité

Lorsqu'ils ont le choix entre des partenaires familiers avec lesquels ils ont vécu et des partenaires en provenance d'autres bassins hydrologiques, où croyez-vous que vont les préférences des mâles et des femelles des poissons, par exemple le petit pœciliidé du Panama *Brachyraphis episcopi*. Les familiers ? Perdu ! Ils ont tous un même goût pour la nouveauté. Ce n'est paradoxal qu'en apparence. Ces choix seraient conditionnés par un système de « coût-bénéfice » qui a été sélectionné par l'évolution, à savoir les avantages d'une diminution des risques de croisements consanguins (17) et d'une augmentation des chances de brassage génétique avec de nouveaux partenaires. De la diversité ! Encore de la diversité ! Toujours de la diversité !…

L'attrait du « bling-bling »

Plus largement, les femelles de poissons ont un penchant très marqué pour tout mâle qui leur apparaît « nouveau », présentant un phénotype* qu'elles n'ont jamais vu auparavant. Loin de leur inspirer quelque méfiance, celui-ci leur semble particulièrement séduisant et attractif. Ainsi, des femelles de **poisson-zèbre** *(Danio rerio)* auxquelles on propose, en conditions expérimentales, des mâles normaux, de livrée terne de couleur gris-beige, et des mâles qui ont reçu dans leur génome un gène de méduse leur conférant une couleur fluorescente rouge en lumière ultraviolette – ils sont dénommés *red Glofish* par les aquariologistes qui les commercialisent –, préfèrent sans équivoque ces partenaires « *bling-bling* » qui leur en mettent « plein la vue ». Le goût de l'exotisme.

Sortir de « l'ordinaire » et savoir briller aux yeux du « beau sexe » a toujours été une stratégie payante, et les femelles de toutes sortes d'espèces ont en commun de succomber facilement à des traits originaux. Les succès féminins de Salvador Dali (et de bien d'autres...) ne procèdent-ils pas de cette même stratégie ?

La nouveauté n'est pas forcément visuelle ; elle peut être aussi physiologique. Chez le **saumon rouge** ou *kokanee* (*Oncorhynchus nerka*) de Colombie Britannique, il existe deux types de femelles dont la maturité sexuelle est décalée dans le temps. À côté des femelles « classiques » de couleur rouge, se rencontrent, sur les frayères, des femelles de couleur argentée plus petites et plus jeunes. Ces dernières possèdent de grandes réserves d'énergie qu'elles utilisent pour le développement de leurs ovaires et le dépôt des réserves de vitellus* dans leurs ovocytes. En conséquence, elles vivent plus longuement que leurs congénères et peuvent pondre de façon prolongée et tardive. Cette originalité présente un avantage pour l'espèce elle-même : elle réduit la compétition avec les femelles territoriales et le risque de surimposition des nids de ponte et de destruction de ceux-ci par surcreusement.

61. AMOURS… OPPORTUNISTES

Changer de sexe peut être opportun

Pour tout poisson adulte, il est crucial de se reproduire. S'il ne rencontre que des congénères du même sexe que le sien, il lui suffit parfois de… changer de sexe pour former un couple de reproducteurs opérationnels. C'est ce que font quelques gobiidés : grâce à une bisexualité potentielle et réversible ils parviennent à combler assez rapidement un déficit numérique en l'un ou l'autre des deux sexes (10). Ainsi, chez le **gobie tropical** du genre *Trimna*, des individus peuvent changer de sexe plusieurs fois dans leur vie, le plus grand poisson devenant un mâle dominant lors d'une présence exclusive de femelles et le plus petit, en position de subordonné, devenant une femelle dans un contexte social fait exclusivement de mâles.

Le **labre à trois taches** *(Halichoeres trimaculatus)* est capable d'un changement de sexe bidirectionnel mâle → femelle → mâle et femelle → mâle → femelle (10), les mâles devenant des femelles dans un environnement social difficile marqué par l'absence de grands mâles dominants, ce qui permet à la population de suppléer, à tout moment, les mortalités sélectives imprévisibles causées par des cyclones, des prédations… Vite formons un nouveau couple pour faire beaucoup d'enfants!

62. AMOURS… PARENTAUX

Des parents plus ou moins attentionnés

Si d'assez nombreuses espèces se désintéressent complètement de leur progéniture, une fois l'accouplement accompli et la ponte réalisée, près de 90 familles de téléostéens s'en préoccupent. Ils s'y préparent, antérieurement à la ponte, en choisissant des sites de frayère plus ou moins sécurisés, en construisant des nids puis en assurant leur gardiennage, en pratiquant une incubation corporelle… Les meilleurs parents sont alors en droit d'espérer les meilleurs succès de survie de leurs descendants.

Sites et abris de ponte

Les géniteurs de nombreuses espèces ne déposent pas leur ponte au hasard, mais choisissent, au contraire, des sites offrant une protection contre le courant, garantissant une immersion en cas de baisse du niveau d'eau et assurant un camouflage aux yeux des prédateurs oophages. Certains utilisent des abris naturels de ponte, comme de simples dépressions creusées dans le substrat à l'exemple du **black-bass** *(Micropterus salmoides)*, ou des anfractuosités de rocher, telles certaines **blennies** (*Blennius* sp.). Les mâles du **cichlidé** *Telmatochromis temporalis* du lac Tanganyika exploitent des cavités rocheuses ou les dessous de pierres aménagés. Les femelles de truite, de saumon, d'omble, d'ombre (salmonidés) creusent des « nids de ponte » dans les substrats de cailloux, de galets et de graviers en le balayant à l'aide de battements de queue, éliminant ainsi les particules fines argileuses qui risqueraient de colmater la circulation de l'eau lors de la longue incubation des œufs. Parfois, ce sont des supports végétaux des prairies temporairement immergées qui sont utilisés comme supports des pontes : le **brochet européen** *(Esox lucius)* utilise ainsi comme frayères les zones d'inondation des fleuves et des rivières. L'amour est dans le pré...

Les nids du **gobie des lagunes** *(Zosterisessor ophiocephalus)* sont creusés dans le sédiment, sous les rhizomes des herbiers. Ce substrat est riche en germes pathogènes, mais les pontes sont protégées grâce aux sécrétions glandulaires muqueuses du spermiducte des mâles. Ceux-ci éjaculent un sperme riche en mucines à propriétés antimicrobiennes et bactéricides qui assurent une certaine stérilité de l'environnement des pontes. Le mâle du **périophthalme** *(Periophthalmus sobrinus)* des mangroves de Madagascar construit un terrier dans la vase des zones littorales saumâtres peuplées de palétuviers et soumises aux marées. Il creuse, sur les banquettes de vase exondées à marée basse, des galeries et construit un rempart complet de 10 centimètres de haut autour de l'orifice supérieur, transportant le sédiment vaseux avec sa bouche. Les géniteurs de **piracuru géant** (*Arapaima gigas*, 3 m, 200 kg) construisent ensemble, en 3 à 5 jours au cours de la montée des eaux, des nids en sable, de 50 centimètres de diamètre, qu'ils creusent avec leur bouche dans la plaine d'inondation des forêts amazoniennes, dans un emplacement à faible courant, avec un substrat propre libre de branches d'arbres et de feuilles…

Des adeptes du développement durable

Beaucoup d'autres espèces construisent des nids afin d'y héberger leurs pontes. Les oiseaux n'ont pas le privilège de telles constructions. Les mâles choisissent généralement le site, transportent et assemblent les matériaux, assurent l'entretien et la défense de celui-ci, à la fois architectes, maçons, agents d'entretien et guerriers. Convertis de longue date au développement durable, ce sont de grands adeptes de la récupération des matériaux renouvelables de l'habitat environnant. Et il leur faut ensuite et encore séduire des femelles, les attirer dans le nid et les inciter à pondre ! Outre l'intérêt pour leur progéniture, la nidification permet aux mâles de se mettre en valeur aux yeux des femelles et de faire apprécier leurs qualités de « bons pères ».

Les meilleurs spécialistes de la construction de nids végétaux sont les mâles de l'**épinoche commune** *(Gasterosteus aculeatus)* qui assemblent et tissent des fragments végétaux (Figure p. 127). Leurs reins sécrètent une substance muqueuse gluante, la spiggine, faite de mucopolysaccharides (ou mucines) qui collent les éléments végétaux *(nest-glueing)*. L'architecture des nids diffère entre les rivières et les lacs et aussi en fonction du choix du site et de sa disponibilité en matériaux. Le nombre de fibres végétales assemblées, qui varie dans un rapport de 1 à 3, et sa masse qui fluctue quantitativement dans un rapport de 9 à 25 selon les individus, dépend des caractéristiques temporelles et spatiales de l'environnement, en particulier de la disponibilité locale en algues et du régime hydraulique (eau calme, eau courante), qui constituent des contraintes architecturales. Les grands mâles de l'épinoche sont les plus rapides, capables d'achever la construction du nid en deux jours. Ils peuvent même recycler certains matériaux exogènes comme des morceaux de sacs plastiques. Ils édifient leurs nids plus rapidement en milieu eutrophisé (appauvri en oxygène) qu'en eau « normale », comme si, prenant conscience des conditions environnementales « anormales » de leur habitat, ils s'empressaient de chercher à procréer « avant qu'il ne soit trop tard ».

Pas d'assurances tous risques

Le succès des pontes tient souvent aux caractéristiques du positionnement des nids. En effet, les plus grands succès reproductifs sont ceux qui assurent, à la fois, le meilleur accès visuel pour être reconnus par les femelles et la meilleure résistance à l'agitation mécanique des eaux littorales. Ainsi, sur les côtes de Catalogne, les mâles dominants du **crénilabre méditerranéen** *(Symphodus roissali)* construisent plusieurs nids faits de végétaux dans des habitats rocheux peu profonds. Ils sélectionnent les « bons sites » en prenant en compte la profondeur, la pente du substrat rocheux, l'exposition aux vagues générées par les vents dominants et la proximité de zones ouvertes de substrat sableux. Un compromis entre la nécessité de positionner le nid dans un site attractif pour les femelles et l'impératif de protection hydrodynamique. Il faut cacher son nid, mais pas trop ! Ils ne peuvent cependant pas prédire quels seront les aléas météorologiques durant la période sensible du printemps méditerranéen, souvent venteux et parfois tempétueux ! C'est « le ciel » qui conditionne alors leur succès reproductif...

Face à ces aléas, les mâles du petit **gobie de sable** *(Pomatoschistus microps)* des lagunes méditerranéennes construisent des nids faits d'une valve de coquille de moule, ou de coque. Ils retournent la valve face interne contre le substrat et le creusent afin d'y aménager une cavité et d'assurer une ouverture vers l'extérieur. Ils recouvrent ensuite la coquille de sédiment pour la protéger des effets dévastateurs des vagues. Le plafond de la coquille accueille ensuite la ponte de plusieurs femelles en une couche simple et régulière d'œufs. Les sites de nidification et les coquilles vides disponibles font l'objet de multiples convoitises et les mâles ont souvent besoin de se montrer agressifs et de se battre pour devenir ou rester propriétaires d'un nid. Les femelles, elles, apprécient la capacité d'accueil de leurs pontes en fonction de l'espace disponible au plafond des coquilles (le « ciel du nid »). Elles choisissent les plus grands et surtout ceux qui contiennent déjà des pontes, preuve des succès reproductifs déjà obtenus par le maître des lieux, et elles tendent à délaisser ceux qui sont vides…

Les coquilles de mollusques gastéropodes servent aussi aux femelles du **lamprologue** africain *(Neolamprologus pulcher),* toutes de petite taille, à héberger leurs pontes. Les mâles les ont sélectionnées et transportées dans leur territoire. Mais, cruel dilemme, ils ne peuvent y pénétrer en raison de leur trop grande taille (Figure p. 85) (42, 51). Ils doivent féconder les ovocytes en émettant leur sperme à l'extérieur de la coquille, comptant sur les courants d'eau pour son transport à l'intérieur des coquilles.

Des nids flottants insubmersibles

Le plus original des architectes est le mâle d'un poissonchat, l'**atipa** d'Amazonie *(Haplosternum littorale).* Il bâtit, en une seule nuit, un nid de 30 cm de diamètre et de 6 cm de

Accouplement et ponte de poissons-paradis *(Macropodus opercularis)* dont les œufs sont déposés au plafond d'un tapis de bulles d'air enrobées de mucus, préalablement produites par le mâle dans des végétaux flottants.

hauteur, fait de végétaux arrachés par de violents battements de queue, transportés dans sa bouche et assemblés en forme de cône. Nageant ensuite le ventre en l'air, il produit, par sa bouche et son anus, des bulles d'air enrobées de mucus qui forment un « plafond de bulles » et assurent la flottabilité du nid. L'abri peut contenir jusqu'à 20 000 œufs de plusieurs femelles, protégés à la fois de la dessiccation, des fortes températures diurnes et des prédateurs.

Les mâles du **poisson-paradis** *(Macropodus opercularis)* de Chine construisent des nids de bulles de mucus, sous des plantes flottantes, qui abritent des pontes de 100-200 œufs (Figure page précédente). Ceux du **poisson combattant** *Betta splendens* confectionnent également un nid flottant fait de bulles d'air enrobées de mucus expectoré. Vingt actes de ponte consécutifs assurent le dépôt, en 2 à 3 heures, de 200 à 700 œufs. Très attentifs, les deux parents récupèrent dans leur bouche chaque œuf tombé du radeau flottant et l'y réintroduisent.

Berceau branchial

Tout cela exige beaucoup d'énergie. Quoi de mieux, alors, que de confier ses responsabilités parentales à d'autres organismes ? Certains parents particulièrement précautionneux, comme ceux de la **bouvière** *(Rhodeus amarus),* confient leurs pontes à des moules d'eau douce *(Unio pictorum, U. tumidus, Anadonta anatina).* Celles-ci servent d'« incubateurs biologiques », assurant le développement des pontes dans un milieu protégé et oxygéné. Les femelles de bouvière déposent leurs œufs à l'aide d'un tube spécialisé (« l'ovipositeur ») qu'elles introduisent dans la moule par son « siphon exhalant » (par lequel le mollusque évacue l'eau qu'il a filtrée). Le mâle éjacule son sperme au niveau du « siphon inhalant » de la moule, le courant d'eau rentrant permettant aux spermatozoïdes de féconder les ovocytes *in situ* (Figure p. 170). Durant un mois environ, chaque « hôtesse » héberge, dans sa cavité branchiale, jusqu'à 250 œufs et embryons de bouvière. La moule utilise en retour les services de la bouvière en libérant ses propres larves (les glochidies) qui se fixent en parasites sur les branchies du poisson où elles poursuivent leur développement à l'abri des prédateurs. Un échange de « bons procédés », bel exemple de symbiose*.

Des soins dispensés aux œufs et aux larves

Le rôle parental des poissons se limite rarement à la seule recherche d'abris protecteurs et à la construction de nids. Leur « zèle » se prolonge souvent par une surveillance des pontes et un gardiennage des juvéniles. Chez 20 % des familles de poissons osseux, les deux géniteurs, ou au moins l'un d'entre eux, demeurent présents sur le lieu de ponte et surveillent jalousement les œufs. Ils patrouillent sans relâche à proximité immédiate et agressent tout prédateur potentiel. Les soins monoparentaux de surveillance, de nettoyage, d'oxygénation et de défense des œufs, puis parfois d'alimentation des nouveau-nés, sont souvent dévolus à un seul sexe, le père ou la mère (plus souvent le père), mais avec le risque d'une « désertion parentale ».

La protection des jeunes vis-à-vis des prédateurs étant une tâche prioritaire assumée par les parents, ceux-ci en payent le coût car cela réduit leurs opportunités d'alimentation et affaiblit leur condition physique, donc leur performance de croissance, leurs chances de survie à cause des risques de prédation et aussi leur potentiel reproducteur ultérieur…

Des paternités payantes…

Les soins parentaux paternels sont plus fréquents que les soins maternels et que les soins biparentaux. Leur coût énergétique est souvent élevé, en raison non seulement de la construction du nid, mais aussi de son nettoyage (prélèvement des œufs morts, des particules minérales et végétales qui les souillent), de sa ventilation et de sa défense. En revanche, ils influencent favorablement les préférences des femelles pour les mâles « bons pères », la valeur d'un prétendant se mesurant à la qualité des soins qu'il dispense (69). Plus les femelles montrent leur préférence pour les mâles dispensant des soins parentaux et plus ceux-ci redoublent de zèle pour mériter cette récompense...

Les mâles de qualité de l'**épinoche** dispensent les soins parentaux parmi les meilleurs : construction de grands nids, ventilation des œufs par des battements des nageoires pectorales, au rythme de 1 000 battements en 30 minutes, afin d'assurer leur oxygénation optimale, élimination des œufs morts et de mauvaise qualité, défense du territoire contre les prédateurs. Les plus méritants sont les plus recherchés par les femelles. Leur activité paternelle est sous l'influence d'une hormone hypophysaire, la prolactine. Une injection de son inhibiteur, la bromocriptine, diminue leur comportement de défense des nids qui sont alors victimes des agressions de voisins cannibales.

La protection de la progéniture va parfois jusqu'à une prévention contre les infections microbiennes, souvent responsables de la mortalité naturelle des œufs. Les mâles de nombreuses blennies, dont ceux de la **blennie** des côtes rocheuses des Açores *(Parablennius parvicornis)* et de la **blennie paon** *(Salaria pavo)*, sécrètent par leurs glandes anales, bien développées en période de reproduction, des substances muqueuses à propriétés antimicrobiennes. Ils frottent la paroi interne des nids et la surface des œufs avec leur région anale, de façon à les recouvrir d'un mucus à pouvoir bactériolytique.

À l'inverse, chez la **jordanelle** *Jordanella floridae,* un cyprinodonte, les soins, prodigués exclusivement par les mâles territoriaux, n'améliorent pas la survie de leur descendance ; au contraire, car les mâles cannibalisent les œufs, de sorte que le succès reproductif serait probablement supérieur s'ils n'étaient pas gardés, même en présence de prédateurs. La pratique de soins parentaux de nettoyage et de ventilation des œufs ne serait peut-être qu'un prétexte à la sélection sexuelle (69) : elle attirerait les femelles vers les mâles « bons ventilateurs ».

Chez la **perche-soleil américaine** *(Lepomis macrochirus)*, les mâles sont, soit parentaux, constructeurs de nids, courtisans des femelles et dispensateurs de soins aux œufs, soit des « faiseurs de cocus » qui volent des fécondations et ne fournissent aucun soin parental (2). Les mâles parentaux, étant capables de discriminer par des signaux chimiques leur propre descendance d'une descendance étrangère, évitent de dispenser des soins aux œufs dont ils ne sont pas les géniteurs et abandonnent les couvées engendrées par les « faiseurs de cocus ». Tant pis pour les « bâtards » !

Certains mâles sont confrontés à un choix : poursuivre la dispense de soins à leur descendance ou bien déserter les nids et rechercher de nouveaux accouplements afin d'accroître leurs succès reproductifs… Une diminution de la survie des nouveau-nés, consécutive à une désertion, peut-elle être compensée par de nouvelles fécondations résultant de ces accouplements supplémentaires ?

Des parents interchangeables

Les soins maternels sont peu fréquents, voire exceptionnels. Parmi eux, ceux du **cottidé** *Radulinopsis taranetzi* des côtes japonaises sont tout à fait originaux. Chaque femelle pond 1 000 œufs et les garde jusqu'à l'éclosion. Son épithélium buccal est modifié en période de reproduction de façon à former un disque qui sert à « sucer » l'eau à la surface des œufs, ce qui assure une circulation de l'eau et son renouvellement, donc l'oxygénation de la ponte.

Rares chez les poissons, les soins biparentaux garantissent une meilleure survie de la progéniture du couple. Ils se révèlent

Mâle de cichlidé ***(Julidochromis ornatus)*** effectuant le gardiennage de la ponte déposée sur un substrat dur.

notamment très efficaces chez les cichlidés. Les deux parents peuvent accomplir les mêmes tâches en fonction des disponibilités de l'un et de l'autre, chacun d'eux ayant les capacités à remplir tous les rôles. Lorsque des intrus s'approchent de leurs nids, les deux membres du couple privilégient la défense du territoire aux dépens des soins dispensés aux jeunes. La division du travail ne reprend que lorsque le danger diminue avec l'éloignement des intrus. Faire face au danger est toujours une priorité, que l'on soit un mâle ou une femelle! Cependant, les deux sexes ont une « latéralité cérébrale » différente, qui correspond à un partage des fonctions cognitives entre les deux hémisphères du cerveau. Les mâles tendent à être visuellement plus fortement latéralisés que les femelles, en particulier vis-à-vis des stimuli adverses et les femelles vis-à-vis des stimuli attractifs. Les premiers tendent à privilégier la défense des nids contre les prédateurs tandis que les femelles privilégient les soins donnés aux œufs et aux jeunes.

Chez le **cichlidé** *Julidochromis ornatus* du lac Tanganyika, les deux parents participent aux soins dispensés aux œufs déposés sur le substrat ainsi qu'aux jeunes, leur intensité dépendant de la taille relative des deux parents du couple (Figure ci-contre). Le plus grand se comporte socialement en dominant, qu'il soit un mâle (20 % des cas, des « pères au foyer ») ou une femelle (80 % des cas, des « nurses »). Il adopte un comportement agressif de défense du territoire de ponte vis-à-vis des intrus tandis que son partenaire plus petit assure les soins domestiques de ventilation et de nettoyage des œufs. Lorsque les deux parents sont de taille égale, les soins parentaux sont également répartis, mais les « scènes de ménage » entre eux sont alors fréquentes, d'autant plus que la différence de taille est faible. Le coût énergétique de ces conflits est tel que les couples assortis sont moins prolifiques que les couples chez lesquels un des sexes est dominant par la taille.

Soins familiaux et partage du travail

Le summum des soins parentaux est atteint en cas de soins familiaux et de soins prodigués par un groupe social. Une coopération d'élevage est couramment pratiquée par les cichlidés du lac Tanganyika. L'union fait la force ! Chez les **lamprologues** *Neolamproplogus savoryi*, qui vivent en forte densité, les groupes de reproduction comprennent un grand mâle reproducteur accompagné de 1 à 4 femelles reproductrices et de 3 à 33 « auxiliaires » ou *helpers*. La taille moyenne des groupes est de 14 membres, selon les tailles respectives du mâle et des femelles : les plus grands mâles dominent davantage de femelles reproductrices et d'auxiliaires, alors que la taille de la plus grande femelle est corrélée au nombre et à la taille des femelles reproductrices secondaires et des femelles auxiliaires.

Lorsque plusieurs femelles reproductrices sont présentes, le territoire est subdivisé en sous-territoires et en sous-groupes. Chacun d'eux possède ses jeunes auxiliaires, en situation de « vassalité ». Assistant leurs parents dans l'élevage des nouveau-nés, ils aménagent des abris protecteurs de reproduction dans le sable, en le déplaçant par des battements de queue ou en le transportant dans la bouche ; ils soignent les pontes (nettoyage, oxygénation des œufs) puis défendent ce territoire des convoitises des prédateurs piscivores par des attitudes agressives (opercules érigés, gorge gonflée), des postures de combat (nageoires redressées, corps courbé en S) et des agressions (morsures, chasses, prise de bouche). L'activité coopérative des auxiliaires augmente si une femelle est manquante mais pas en cas d'absence de mâle, ce qui prouve qu'ils sont plus sensibles à l'effet déstabilisant du départ des femelles alors qu'ils sont davantage soumis à l'autorité du mâle dominant. Les subordonnés dont la croissance est lente en présence d'un dominant limitent leur croissance, ce qui évite les conflits avec le dominant. Rien ne semble laissé au hasard...

Chez une espèce voisine de lamprologue, *Neolamprologus caudopunctatus,* du lac Tanganyika, les études génétiques du frai démontrent que les jeunes n'occupent pas tous les nids confectionnés par leurs parents. Suite à un transport (intrabuccal ?) par leurs parents, ils se retrouvent parfois dans des nids distants de plusieurs dizaines de mètres de leur site de naissance, confiés à des « parents adoptifs ». En ne mettant « pas tous les œufs dans le même panier», cette stratégie tend à diluer les risques de prédation. Une vraie «police d'assurance»…

Les ichtyologues se sont interrogés sur les raisons du dévouement manifesté par les auxiliaires des cichlidés, serviteurs zélés dispensateurs de soins coopératifs. Pourquoi acceptent-ils leur servitude et renoncent-ils généralement à se reproduire? Diverses hypothèses ont été avancées: résultat d'une sélection familiale, assujettissement permettant de rester au sein du groupe, signaux de prestige liés à la «fonction ancillaire», besoin d'accroître le nombre des participants dans le groupe social. Les observations conduisent souvent à des arguments contradictoires et à des désaccords selon les études (64 publications scientifiques en 24 ans!). Une énigme supplémentaire de la biologie des comportements animaux…

L'incubation parentale

Quelques espèces manifestent un grand dévouement vis-à-vis de leurs œufs et de leurs larves en payant de leur personne par une incubation extracorporelle ou intracorporelle. Les œufs sont portés sous le ventre chez les syngnathes du genre *Nerophis*, sur la tête chez *Kurtus* (Figure page suivante), dans la bouche, dans une poche spécialisée, de façon à assurer une protection efficace de leur progéniture, ou encore dans l'appareil génital, ce qui permet une ovoviviparité* ou une viviparité*, en fonction du degré des échanges nutritifs entre la mère et les embryons.

De nombreux cichlidés comme *Tropheus moorii* pratiquent une incubation buccale. Généralement les femelles hébergent seules la descendance du couple par une «couvaison buccale». Mais cette «prise en bouche» les contraint à un jeûne coûteux

Un mâle de kurtus ***Kurtus*** **sp.** portant des œufs fixés sur sa tête au niveau d'un crochet occipital.

en énergie durant les six semaines de couvaison, d'autant qu'il se prolonge par un hébergement du frai afin d'assurer sa protection (Figure page de droite). C'est seulement après le départ du dernier d'entre eux, la bouche enfin libre, qu'elles peuvent songer à s'alimenter pour leur propre compte… Un tel dévouement de ces « mères courage » se traduit par un bénéfice important pour la progéniture qui est plus grande et plus forte, meilleure nageuse, et qui a donc de plus grandes chances de survie que celle n'ayant pas fait l'objet de soins maternels aussi importants. Une telle incubation parentale joue aussi un rôle dans l'apprentissage de reconnaissance, par les jeunes individus, des phénotypes* maternels, ce qui induit une empreinte *(imprinting)* visuelle de reconnaissance des caractéristiques des livrées de leur mère, ce qui leur servira lors des accouplements qu'ils réaliseront au stade adulte : les femelles manifesteront alors une nette préférence pour des mâles qui présentent le phénotype* de leur mère.

Les nouveau-nés du cichlidé ***Ctenochromis horei*** trouvent refuge dans la bouche parentale.

Chez **l'apogon** ou **poisson-cardinal** (*Pterapogon kauderni,* famille des apogonidés), ce sont les mâles qui procèdent à la « prise en bouche » des œufs fécondés, jusqu'à leur éclosion et parfois après (Figure page suivante). Chez *Apogon imberbis*, un autre poisson-cardinal, les femelles préfèrent s'accoupler avec ceux disposant d'une forte capacité d'hébergement de leur ponte. Les mâles incubent 4 000 à 6 000 œufs dans leur bouche durant 5 à 7 jours, leur tête plus allongée et leurs mâchoires plus longues que celles des femelles constituant un bon compromis entre la prise de nourriture et la couvaison.

Chez le **tilapia** *Sarotherodon galileus* des eaux tropicales africaines, les deux parents se partagent la responsabilité de la protection intrabuccale du frai, la couvée étant d'abord protégée dans la bouche maternelle pendant 8 à 12 jours, après quoi le père prend le relais et accueille les œufs dans sa bouche pendant 10 à 16 jours, jusqu'à l'éclosion. Les jeunes issus d'une femelle non assistée sont plus petits que ceux provenant d'une

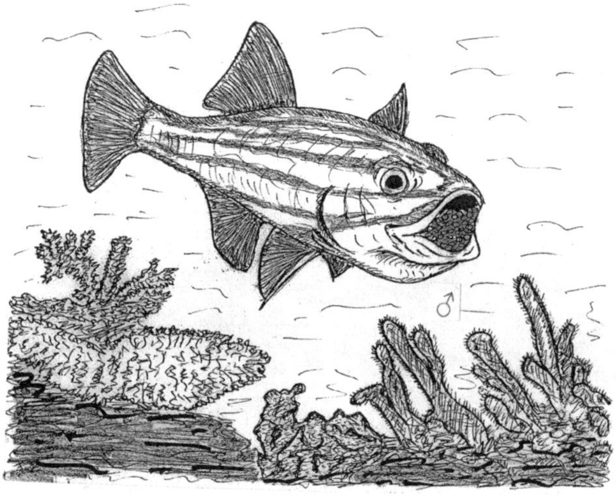

Mâle de poisson-cardinal *(Pterapogon kauderni)* procédant à une incubation buccale de sa ponte.

femelle aidée par son compagnon, la progéniture de cette dernière étant plus grande, avec de meilleures capacités de nage et d'évitement des prédateurs. Avoir « une grande gueule » se révèle avantageux en amour…

Incubations cannibales

Outre dans la bouche, l'incubation parentale se déroule aussi dans des poches spécialisées, des *marsupiums.* C'est le cas chez les **syngnathes** (*Syngnathus* sp.) et les **hippocampes** (*Hippocampus* sp.). Les femelles déposent leurs œufs dans la poche incubatrice d'un ou de plusieurs mâles (Figure p. 173). Cette poche est le siège d'importants échanges métaboliques entre le « couveur » et le « couvain ». Il arrive que certains œufs subissent une destruction produisant des nutriments utilisés par le père ou les embryons en gestation, deux formes originales de cannibalisme…

La conservation dans les voies génitales de la femelle représente le degré optimal de protection des œufs et des embryons. Les modalités de contact entre les embryons et les tissus maternels et le degré de leurs échanges (lécithotrophie ou maternotrophie) permettent de différencier des cas d'oviparité* (**petite roussette** *Scyliorhinus caniculus*), d'ovoviviparité* (**guppy** *Pœcilia reticulata*) et de viviparité* (**requin-marteau** *Sphyrna lewini*).

Dans ce dernier cas, des échanges nutritifs sont réalisés par voie sanguine au niveau d'un « omphaloplacenta » différent de celui des mammifères (« placenta vrai »). On aurait tort de croire que la viviparité a succédé, au cours de l'évolution, à l'oviparité et à l'ovoviviparité, constituant le terme ultime d'un progrès évolutif. Ce processus physiologique est, en fait, très ancien comme le démontre la présence, chez le fossile *Materpiscis attenboroughi*, un placoderme australien datant de la fin du Dévonien (– 380 millions d'années), d'un embryon intra-utérin relié par un cordon ombilical à un placenta. Un autre fossile, *Austroptyctodus gardineri*, de même datation et contenant trois embryons, fournit la preuve de l'existence précoce, chez les vertébrés, d'accouplements, de fécondations internes et d'une protection optimale des embryons. Les mammifères n'ont donc rien inventé, les poissons ont su le faire avant eux…

Nourrir sa descendance est parfois un autre devoir imposé aux parents après l'éclosion des œufs. Chez le **discus amazonien** *Symphysodon* sp., les nouveau-nés sont alimentés par les sécrétions muqueuses de l'épiderme des parents à l'aide de sécrétions cutanées : une forme d'allaitement parental (Figure page suivante). Pendant les 3 à 4 semaines que dure le développement larvaire, et jusqu'à leur sevrage, les jeunes « tètent »

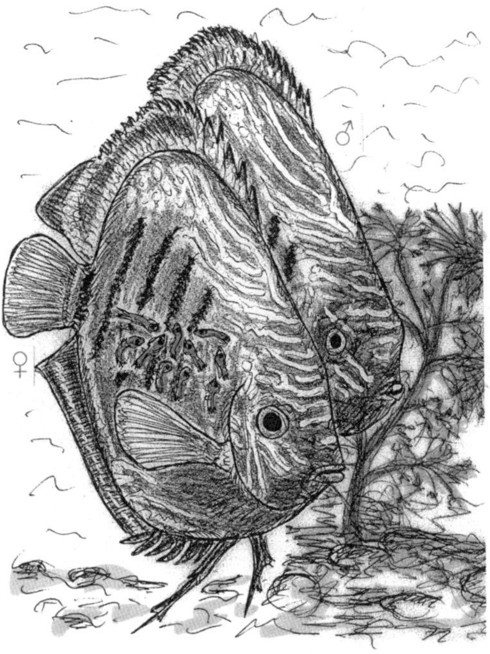

Un couple de discus *Symphysodon* sp. : les alevins sont nourris par les sécrétions de mucus qu'ils « tètent » sur les flancs de leur mère.

le mucus recouvrant la peau de leurs deux parents. Ces sécrétions, riches en protéines et en anticorps, ne sont pas sans rappeler celles des glandes mammaires des mammifères (lait riche en colostrum) et celles du jabot de certains oiseaux (« lait de pigeon »), sous le contrôle hormonal de la prolactine.

Les excès de soins parentaux peuvent conduire à un cannibalisme filial… Nous l'avons vu, le mâle de l'**épinoche** est un père au comportement exemplaire quant aux soins parentaux dispensés aux œufs puis au frai. Sachant identifier olfactivement les œufs étrangers de ses propres œufs et ne souhaitant pas gaspiller ses efforts pour eux (il refuse de jouer le rôle de

« beau-père » !), il détruit les témoins de son infortune… Un moyen de garantir sa « souveraineté paternelle ». La consommation des œufs douteux fournit un apport énergétique suffisant pour leur assurer un plein succès lors d'un accouplement ultérieur avec de meilleures chances de réelle paternité. Cocus une fois (peut-être) mais pas deux ! Lorsque le nombre d'œufs restants est réduit, le mâle consomme ce reliquat et se prépare à construire un nouveau nid et à engager un nouveau cycle de reproduction. Un tel cannibalisme filial est également destiné à lui permettre de survivre au jeûne prolongé que lui impose son gardiennage ininterrompu.

Le mâle d'un poisson endémique des îles Célèbes, en Indonésie, *Telmatherina sarasinorum,* se nourrit aussi par oophagie : 20 % des pontes sont cannibalisées. Il est courant qu'un mâle suive un couple de l'espèce voisine *T. antoniae* et mange ses œufs fraîchement déposés. Une tactique destinée à tromper les femelles consiste aussi, pour le mâle de *T. sarasinorum,* à courtiser assidûment la femelle de *T. antoniae,* à la suivre et à l'inciter à pondre puis à dévorer ses œufs. Le comble de la perfidie…

63. AMOURS… PARFUMÉS

De véritables « parfums d'amour »

Les phéromones* sexuelles jouent un grand rôle dans la communication chimique entre les géniteurs d'espèces de poissons. L'olfaction est surtout importante dans l'attraction exercée par les mâles sur les femelles. La forte solubilité dans l'eau des phéromones favorise un transfert d'information sur de grandes distances. Étant directionnel, il peut assurer un contact à distance entre des mâles émetteurs et des femelles réceptrices (une sorte de « copuline »). Des espèces proches possédant des phéromones similaires peuvent aussi s'attirer, comme les gardons et les hotus (48). Cette attractivité interspécifique favorise souvent des hybridations…

Les mâles de la **blennie paon** *(Salaria pavo)* et de la **blennie fluviatile** *(S. fluviatilis)* produisent des signaux phéromonaux qui favorisent leur succès reproductif. Une paire de glandes disposées sur les premiers rayons de la nageoire anale des grands mâles « bourgeois », propriétaires de nids, produit des phéromones sous le contrôle des hormones androgènes (testostérone). Ces sécrétions sont fortement attractives pour les femelles, comme en témoigne le grand nombre d'œufs déposés dans leur nid. Elles pourraient aussi protéger les œufs des infections microbiennes.

Reconnaître les « bons mâles »

Chez l'**épinoche américaine** *(Culaea inconstans)*, les phéromones sont composées de métabolites stéroïdiens ou de prostaglandines*. Leur réceptivité est maximale au moment où les femelles sont prêtes à pondre. Les mâles de l'**épinoche commune** *(Gasterosteus aculeatus)*, émettent des odeurs dont les molécules sont génétiquement liées à des gènes appartenant au système du « complexe majeur d'histocompatibilité » (CMH). Les femelles peuvent reconnaître les mâles qui possèdent un CMH différent et complémentaire du leur. Voir et sentir, en même temps, un mâle à la fois beau, odoriférant, immunologiquement compétent et riche propriétaire d'un nid… Une « bonne affaire » !…

Le signal CMH correspond à l'expression de gènes qui conditionnent les capacités de défense immunitaire et de résistance vis-à-vis de divers agents pathogènes parasitaires, bactériens ou viraux de chaque poisson. Les femelles s'accouplent généralement à des mâles dont les caractéristiques génétiques sont les plus dissemblables des leurs, de façon à provoquer, dans leur progéniture, par hétérozygotie*, une addition et une complémentation de leurs potentiels immunitaires respectifs. Comment y parviennent-elles ? En décelant, par voie olfactive, les signaux contenus dans l'urine et le mucus de leurs partenaires potentiels. C'est quand la différence de compatibilité entre leurs génomes respectifs est la plus grande pour ces caractères que leur accouplement devient générateur d'une descendance « bien équipée » pour résister à diverses infections et infestations. Aux femelles qui ont du flair (et quel flair !) de trouver le partenaire « idéal »...

Les mâles spermiants* de la **lamproie fluviatile** *(Lampetra fluviatilis)* sécrètent par leurs branchies une phéromone* sexuelle qui attire fortement les femelles gravides et permet de synchroniser les comportements de ponte. La **lamproie marine** *(Petromyzon marinus)* produit, elle, deux types de phéromones. D'une part, une « phéromone de migration » (constituée de deux acides biliaires, le pétromyzol sulfate PZS et l'acide allocholique), d'autre part une phéromone sexuelle (3-keto-petromyzonol sulfate) dite « phéromone d'accouplement ». La première est émise par les larves ammocètes d'eau douce situées en amont des cours d'eau ; elle attire, à de très faibles concentrations (moins d'un gramme dans 20 milliards de litres d'eau !) et à grande distance les géniteurs des deux sexes situées en aval et qui remontent le cours des rivières (rhéotaxie) pour rejoindre leurs frayères. Moins d'un kilogramme de ce mélange serait attractif dans un flux d'eau équivalent aux chutes du Niagara pendant un mois ! Quant à la phéromone d'accouplement, elle est produite par voie branchiale par les mâles en phase de spermiation et est très attractive pour les femelles en ovulation. Les mâles fidélisent ainsi les femelles aux sites de ponte qu'ils ont préparés et favorisent le succès reproductif sur les frayères.

Par ailleurs, les phéromones sexuelles d'un mâle constituent souvent un bon indicateur de ses capacités d'accouplement car elles reflètent son état nutritionnel. Les femelles du **xipho mouton** *(Xiphophorus birchmanni)* préfèrent les odeurs de mâles bien nourris par rapport à celles émises par des mâles qui sont à jeun. Bien manger pour plaire, il fallait y penser...

64. AMOURS… PERSONNALISÉS

Trouver la perle rare

Tous les mâles ne se valent pas. Sous des apparences communes et identiques, se cachent des différences individuelles traduisant des « personnalités » différentes. En effet, dans une population, certains individus se singularisent par des comportements reproductifs sensiblement distincts de ceux de leurs congénères.

Chez la **bouvière européenne** *(Rhodeus amarus)*, deux catégories de mâles sont reconnues : d'une part, des « bourgeois » territoriaux, propriétaires d'un secteur riche en moules capables d'héberger les pontes des femelles (62) avec lesquelles ils s'accouplent et qui sont les gardiens de ce territoire ; d'autre part, des petits mâles « chapardeurs » *(sneakers)* et voleurs de fécondations (2). Tous ces mâles ne se comportent pas de façon identique à l'intérieur de chacune de leur catégorie sexuelle. Il existe, entre eux, des degrés de dominance, d'agressivité, de courage, d'investissement dans la production de sperme et de potentiel d'éjaculation. Ces degrés dépendent de facteurs innés (génétiques) et surtout des conditions environnementales, surtout sociales, faisant partie de leur « vécu reproductif » individuel (à savoir le nombre et la qualité de leurs accouplements antérieurs). Aux femelles de savoir trouver « la perle rare », un mâle « parfait sous tous rapports », voire le « mâle unique »…

Des caractères forts

Chez le **molly** *Pœcilia latipinna*, les différences comportementales individuelles entre les mâles sont essentiellement corrélées à leurs tailles respectives. En effet, les plus ardents courtisans des femelles et les plus courageux face aux prédateurs sont généralement les plus grands (69). Un physique avantageux et un gabarit solide ne peuvent que favoriser l'affirmation d'une forte personnalité. Les femelles manifestent aussi « leur caractère » et certaines ont des personnalités affirmées. D'ailleurs certains traits de caractère persistent lors d'un changement de sexe. Ainsi, chez la **perche de sable** *Parapercis cylindrica*, les femelles les plus actives, les plus agressives vis-à-vis de leurs congénères de même sexe et qui s'affirment dominantes, deviennent ultérieurement les mâles les plus actifs, les plus agressifs vis-à-vis des autres mâles et qui se comportent en dominants. Des caractères à support génétique s'expriment donc continuellement dans un individu, quel que soit son sexe phénotypique. Un nouvel effet de la sélection naturelle pour laquelle l'agressivité en amour est bonne pour la santé de la population !

65. AMOURS… PLATONIQUES

Une banalité de baisers

Le baiser est interprété, chez nous, comme un signe manifeste d'affection et un symbole de l'amour. Les poissons ne semblent pas partager pas cette symbolique. Le **gourami-embrasseur** indonésien *(Helostoma temmincki)* fait le bonheur

Deux gouramis-embrasseurs *(Helostoma temmincki)* qui procèdent, lorsqu'ils se rencontrent, à un « contact buccal » prolongé sans signification sexuelle.

des aquariophiles. Dès que deux congénères se rencontrent et se font face, ils procèdent à des échanges de baisers, leur bouche protractile favorisant des contacts « bouche-à-bouche » qui durent parfois quelques minutes (Figure page précédente). Ce ne sont cependant pas des témoignages d'affection entre les mâles et les femelles ni un prélude à la reproduction car ils semblent se réduire à des « saluts sociaux » et à des jeux anodins sans aucune valeur érotique. Il n'est pas nécessaire de s'aimer pour s'embrasser longuement ! Ces poissons se privent-ils de grands bonheurs ? Peut-être, et leur comportement conforte l'adage : « *Qui souvent embrasse mal étreint* »...

66. AMOURS... POSTHUMES

Servir encore après sa mort

L'espèce humaine est la seule espèce animale à avoir pris conscience de l'importance de sa procréation et à se soucier consciemment de la « valeur » de sa descendance, une progéniture qui est supposée pérenniser les qualités (mais aussi les défauts !) de chacun de ses parents. Chaque géniteur peut ainsi rêver de fournir, à chacun de ses descendants, ses « meilleurs gènes » qui feront de lui quelqu'un de beau, de fort, d'intelligent, de « doué » ou même de « surdoué ».

La peur de mourir avant d'avoir réussi à transmettre toutes ses capacités procréatrices a conduit notre espèce à créer des « banques de gamètes » grâce aux techniques de conservation de longue durée des ovules et des spermatozoïdes dans l'azote liquide. Ce que l'humain a réussi artificiellement à créer, certains poissons l'ont réalisé naturellement sous la forme d'un stockage du sperme des mâles dans les voies génitales ou les ovaires des femelles. Les spermatozoïdes peuvent ainsi survivre un certain temps, nourris par des sécrétions des ovaires ou des oviductes. Ils sont ultérieurement utilisés par les femelles pour féconder « à leur gré » leurs ovocytes. Celles-ci peuvent même sélectionner ceux provenant des « meilleurs mâles » avec lesquels elles se sont précédemment accouplées. Des fécondations qualifiées de cryptiques*, effectuées totalement à l'insu de leurs partenaires (73).

Sperme en stock

Les femelles polyandres* du **guppy** *(Pœcilia reticulata)*, qui sont vivipares*, possèdent cette remarquable aptitude à conserver le sperme des nombreux mâles qui furent successivement leurs « partenaires d'un instant ». Des études génétiques de la descendance de ces mâles et des analyses des pedigrees de plusieurs générations successives ont démontré que la survie des spermatozoïdes, dans la cavité ovarienne, peut atteindre et excéder 10 mois, soit plus du double de la durée naturelle de vie de ces géniteurs. Les paternités sont ainsi acquises plusieurs mois après la mort de ces mâles. Une telle caractéristique permet aux femelles de se reproduire après la disparition de leurs partenaires, qui vivent brièvement (3 mois), alors que leur propre longévité est de l'ordre de 15 mois.

Bien que ces succès reproductifs aient tendance à décroître avec le temps en raison de la dilution de leur sperme par de la semence « fraîche » reçue lors d'accouplements ultérieurs, les descendances engendrées par ces mâles, « à titre posthume », participent grandement à la diversité génétique des populations de ces petits pœciliidés. Les mâles peuvent ainsi « servir longtemps » et les femelles sont libérées de tout harcèlement sexuel et de tout risque de conflit sexuel (16) ! La « belle vie » en quelque sorte...

67. AMOURS… ROMANTIQUES

Chanteurs de charme

Les 450 à 600 espèces de cichlidés du lac Malawi disposent d'un répertoire varié et élaboré de communication amoureuse par des signaux acoustiques. Les mâles de **mbunas** *Pseudotropheus* sp. produisent des chants de cour sous forme de gémissements lorsqu'ils nagent à proximité des femelles en même temps qu'ils frôlent leurs flancs. Juste après ces chants, ils entreprennent des mouvements plus exubérants et émettent, par leur appareil pharyngé, de brefs sons de basse fréquence (35 Hertz, 513 millisecondes) qui sont amplifiés par leur vessie gazeuse. Peu coûteux en énergie, ces « gazouillis » servent à attirer l'attention des femelles sur les tremblements et les accélérations de nage qui succèdent aux gémissements. Les plus hautes fréquences indiquant un mâle de grande taille, les femelles disposent donc d'indications sur l'identité, la taille, la condition, la motivation et la qualité des mâles (69). Ces soupirs de conspiration amoureuse sont suffisamment faibles pour ne pas attirer l'attention des prédateurs.

Des cris du cœur

Les parades amoureuses de nombreux mâles ne sont pas toujours aussi silencieuses et donnent lieu parfois à des démonstrations vocales moins discrètes destinées aux femelles qui sont à l'écoute. Les mâles du **gobie à taches noires** *(Neogobius melanostomus)* de mer Noire communiquent avec les femelles à l'aide de grognements répétés de basse fréquence (moins de 800 Hertz) produits, en l'absence d'une vessie gazeuse, par le frottement de leurs dents pharyngiennes. Les femelles sont alors attirées avec précision vers le chanteur. Celui-ci les courtise et cherche à les attirer dans le nid de ponte qu'il a confectionné et où elles sont invitées à déposer leurs œufs. Les caractéristiques de ces signaux (fréquence, durée et intensité qui varient en fonction de la taille) servent aussi à la femelle à sélectionner les plus grands mâles.

Les mâles nidificateurs du **poisson-crapaud** *Halobatrachus didactylus,* qui vivent dans la zone intertidale de l'estuaire du Tage, émettent des signaux vocaux destinés à courtiser les femelles dans les eaux peu profondes et sombres. Ils disposent du plus large « répertoire » acoustique connu chez les poissons, avec une plasticité vocale exceptionnelle sous la forme de cinq catégories de sons : sifflements en « sirènes de bateaux » de 800 millisecondes à 60 Hertz, trains de grognements, coassements, doubles coassements, et un mélange de grognements-coassements produits par la contraction de muscles dits « soniques » attachés à leur vessie gazeuse, qui vibre avec des fréquences de résonance très élevées. Les « sifflements de bateaux» sont les plus fréquents, suivis par de longs trains de grognements (70 grognements d'une durée de 10 à 39 secondes). Ils sont coûteux en énergie, surtout lorsque ces appels sont de longue durée et génèrent une fatigue des muscles soniques à cause d'un appauvrissement en réserves glycogéniques. Ces «signatures vocales» permettent des reconnaissances individuelles entre les mâles et assurent la promotion des plus aptes à devenir de bons géniteurs.

Chorales d'accouplement

Les mâles d'une autre espèce de **poisson-crapaud**, *Opsanus tau,* émettent, plusieurs fois par minute, jusqu'à 25 appels de fréquence 278 Hertz, ces sifflements «en sirène de bateaux» étant de longue durée (100 millisecondes toutes les 4 secondes à 200 Hertz pendant 5 minutes). Ces «appels à l'accouplement» réunissent souvent des duos, des trios et jusqu'à 8 individus en chorale, mais sans risque de confusion sonore entre reproducteurs car les sifflements émis simultanément par 13 mâles peuvent être identifiés individuellement.

Les caractéristiques acoustiques peuvent varier selon les individus, ce qui permet aux femelles de discriminer la qualité des mâles (taille et vigueur). Ainsi, les mâles des **mormyres** d'Afrique du Sud *Pollimyrus castelnaui* et *P. marianne* «vocalisent» en période de reproduction lorsqu'ils courtisent les femelles. Ils produisent, grâce à des muscles soniques qui font vibrer leur vessie gazeuse, de longs gémissements et des grognements courts et saccadés dont les durées d'émission sont différentes (respectivement 10-30 millisecondes et 7-16,7 millisecondes) et qui leur servent à «se faire connaître», les fréquences variant de 40-1 050 Hertz. Les femelles possèdent des bulles tympaniques développées qui renforcent leur détection acoustique. Sensibles aux appels amoureux, elles succombent au « charme mélodieux » des vocalises de leurs soupirants. Les prédateurs (characidés), qui captent aussi ces signaux sonores, peuvent en tirer avantage. Il est parfois périlleux de trop bien chanter…

L'amour en chansons

Des chants-chorales collectifs sont émis sur les frayères de certaines espèces, destinés à faciliter le regroupement des géniteurs et à les préparer aux accouplements. Ceux du **maigre** *(Argyrosomus regius)* du Golfe de Gascogne sont connus de longue date, les deux sexes possédant des muscles soniques et produisant des sons. Chez les mâles adultes, les muscles soniques sont très développés et même hypertrophiés en période de reproduction. En se contractant, ils engendrent des vibrations de la vessie gazeuse, d'où résultent des séries de « tambourinages » de cour. Des grognements longs (600 à 2 500 millisecondes, par séries de 12-13 par minute) et réguliers, à des fréquences de 336-444 Hertz, alternent avec des grognements courts (7 à 11,7 millisecondes). Ils sont connus depuis longtemps des pêcheurs de l'estuaire de la Gironde qui les écoutent, l'oreille collée à la coque des bateaux.

Les mâles des **mormyres** africains du genre *Gnathonemus* disposent d'une large gamme d'émissions sonores et d'une grande richesse d'expressions vocales : bruits secs de claquement, sons de tambour ou de trompette, râles, sifflements, cliquetis, coups (*knocks*) qui entrent dans la composition des « mélodies » entonnées pour déclarer leur flamme à leur belle et se faire adopter par la future mère de leurs enfants. Ces véritables sérénades accompagnent un comportement de cour fait de mouvements de nage rituels autour de la femelle. Elles sont émises soit par des poissons isolés, soit par des groupes constituant des chorales.

Le chant des sirènes

Alors que ce sont généralement les mâles qui émettent des sons à destination des femelles à des fins d'accouplement, chez les **poissons-clowns** (*Amphiprion* sp.), c'est la femelle qui chante en préambule à l'accouplement et, chez le **gourami** *(Trichopsis vittata)*, ce sont les femelles qui émettent des « ronflements » servant à initier et à coordonner l'accouplement et la ponte, orchestrant vocalement leurs amours. Des cris d'orgasme ?

Des données expérimentales d'électrophysiologie tendent à prouver que les zones du cerveau activées par la production de signaux sonores sont homologues de celles du cerveau humain utilisées dans le langage. Notre « tchatche » de drague aurait donc des origines ichthyiques lointaines... Certains biologistes ont émis des craintes de « rupture » des dialogues amoureux reposant sur des chants d'amour à l'occasion d'une pollution acoustique produite par la circulation des bateaux dans les zones peu profondes. Toutefois, des expériences conduites, dans une réserve marine de l'Adriatique, sur le **gobie** *Gobius cruentatus* et la **castagnole** *(Chromis chromis)* soumis aux passages de bateaux de tourisme et d'un ferry, ont mis en doute un tel impact sonique sur les comportements de ces petits poissons. L'amour ne les rend pas sourds !

68. AMOURS... SAISONNIERS

J'ai rendez-vous avec vous...

Les rendez-vous amoureux, à des périodes bien précises de l'année, sont trop importants pour l'avenir de chaque population pour que chacun de ses membres puisse déroger, en quoi que ce soit, au « calendrier » établi par ses ancêtres. De génération en génération, ce calendrier offre aux œufs et aux larves les meilleures chances de survie en ajustant leur développement aux conditions environnementales (thermiques, halines, lumineuses, hydrologiques, nutritionnelles et sociales, prédateurs potentiels) les plus favorables.

Les amants de la Lune

Dans les régions tempérées, la reproduction est liée aux cycles des températures et des alternances jour-nuit (photopériodes), avec une activité optimale généralement en fin de printemps et en été. Dans les régions tropicales, où les changements saisonniers de température des eaux et les fluctuations de la photopériode varient plus faiblement, les rythmes biologiques de reproduction tendent à s'estomper et à dépendre d'autres facteurs environnementaux tels que le cycle lunaire (le mois lunaire durant 29,53 jours). Les phases de conjonction et d'opposition des astres (oscillations orbitales Soleil-Terre-Lune) se répètent à un intervalle d'un demi-mois (14,76 jours) et induisent, outre des effets lumineux d'origine lunaire (pleine Lune, nouvelle Lune), des forces gravitationnelles génératrices des marées qui affectent la hauteur d'eau ainsi que la direction et la force des courants marins. Les précipitations pluviales peuvent constituer un autre facteur inducteur de la reproduction. De tels signaux influencent le synchronisme de divers comportements comme la croissance, l'alimentation, les migrations et surtout la reproduction de très nombreux poissons récifaux tels que les poissons-chirurgiens, les poissons-papillons, les mérous, les poissons-perroquets… Leurs populations adoptent des stratégies de ponte synchronisées aux phases lunaires, selon des rythmes dits séléniens.

Les **poissons-lapins** du genre *Siganus* de Méditerranée, de mer Rouge et de l'Indo-Pacifique synchronisent leurs pontes avec les événements lunaires, avec un pic à une période déterminée du cycle qui induit un rythme d'activité du système hypothalamus-hypophyse-gonade. La sécrétion des hormones stéroïdes œstrogènes ou androgènes, soit respectivement le 17β-œstradiol par les ovaires et la testostérone par les testicules, concerne tous les géniteurs. Tous, dans une même région, atteignent leur maturité sexuelle simultanément, de sorte que toute la population adopte, au même moment, les mêmes comportements reproductifs. Aucune erreur possible, il suffit de « suivre la Lune ».

Des poissons « robotisés », mais pas trop…

Les **mérous bruns** *(Epinephelus marginatus)* des îles Medes, proches des rivages de la Catalogne, présentent un pic de reproduction qui se situe en août, à une température des eaux de surface de 24-25 °C et de 17-19 °C à 20 mètres de profondeur, soit un mois après le solstice d'été (21-22 juin). À ce moment, les conditions anticycloniques sont caractérisées par une faible amplitude des marées (moins de 50 cm) qui ne permet pas une grande dispersion des œufs. Les pontes durent deux à quatre semaines et sont plus fréquentes durant la nouvelle Lune et le premier quartier.

Il serait faux de croire que ces poissons suivent toujours « passivement » les fluctuations de la lumière lunaire et répondent aveuglément aux stimuli de « l'horloge lunaire ». Ils demeurent sensibles aux divers autres stimuli environnementaux que sont la température, la salinité, la courantologie et la présence ou l'absence de prédateurs, ce qui leur permet de constamment moduler leurs comportements amoureux selon les situations environnementales.

La saison des amours passée, les géniteurs, leur œuvre accomplie, connaissent une période plus ou moins longue de « repos sexuel » durant laquelle ils reconstituent leurs réserves énergétiques afin d'être fin prêts l'année suivante…

69. AMOURS… SÉLECTIFS

Leçons de séduction

Alors que certaines espèces de poissons ne font pas grand cas du choix d'un partenaire sexuel (4, 36), d'autres se montrent plus calculatrices, ayant le souci de constituer des couples performants consécutivement à un choix délibéré du partenaire de sexe opposé. Pour ces derniers, choisir l'« élu(e) de son cœur » constitue un acte décisionnel de la plus grande importance puisqu'il conditionne la qualité génétique de la descendance et engage donc l'avenir d'une partie de la population. Chaque individu cherche à optimiser ses chances de succès en s'efforçant de « plaire » pour entraîner l'adhésion du ou de la partenaire sexuel(le) et pour mériter ainsi de devenir « l'heureux élu » ou « l'heureuse élue » à qui il fera « don » du meilleur de ses gènes… Un choix à longue portée qu'il convient impérativement de réussir et qui justifie qu'il (elle) y consacre du temps et de l'énergie !

Faire le « bon choix » de partenaire

Des accouplements entre espèces et entre individus « bien assortis » supposent que les géniteurs soient capables, non seulement de reconnaître les phénotypes* de leurs congénères, afin d'éviter des mésalliances (48), mais encore d'être sensibles à certaines caractéristiques morphologiques, anatomiques, physiologiques et comportementales des divers partenaires potentiels. Plusieurs modèles comportementaux sont à l'œuvre dans la manifestation des préférences intersexuelles. Selon le premier modèle, dit de « seuil limite », la préférence va au premier partenaire rencontré, sous réserve que ses qualités soient supérieures à un seuil minimal d'exigences de l'espèce. La préférence sexuelle fonctionne aussi selon un modèle de « choix par étapes », au cours duquel le partenaire retenu cst le dernier des candidats en compétition, avec prise en compte des qualités (et des défauts) présentés par les uns et les autres, et selon un modèle de « choix par comparaisons séquentielles », lorsqu'un candidat qui présente les qualités requises est sélectionné, mais avec possibilité d'un retour en arrière vers un candidat préalablement rejeté qui fait alors l'objet d'un « rattrapage ». Ces préférences sexuelles ne sont pas innées mais résultent souvent d'un apprentissage précoce sous la forme d'une empreinte (*imprinting*) reçue durant leur jeune âge auprès de leurs parents qui leur servent de modèles (20).

Les mâles se proposent et les femelles disposent...

Chez de nombreuses espèces, le sexe femelle est celui « qui choisit » afin d'optimiser le nombre et la valeur sélective (*fitness*) de ses descendants. Il est, en effet, avantageux pour les femelles d'investir leur énergie dans le choix d'un mâle particulier si celui-ci apporte la garantie des bénéfices directs : accroissement du succès reproductif via un taux élevé de fécondations, protection contre le harcèlement sexuel effectué par certains mâles (45), soins parentaux (62). Les bénéfices sont aussi indirects via l'augmentation du succès reproductif de la progéniture héritière des « bons gènes ».

Le choix du meilleur partenaire possible, capable d'assurer la descendance optimale en nombre et en qualité, est donc un acte souvent « réfléchi » qui suppose que la femelle dispose d'une série d'informations utiles quant aux qualités potentielles respectives de ses prétendants. Toute femelle monandre*, qui ne s'accouple qu'avec un seul mâle au cours d'une saison de reproduction, n'a donc pas « droit à l'erreur » : elle doit sélectionner tous les caractères démontrant la qualité potentielle de l'heureux élu. Le moins risqué consiste à pratiquer une polyandrie* en s'accouplant successivement avec plusieurs mâles, ce qui accroît ainsi leurs chances d'une collecte des « bons gènes » (57).

Bigger is better!

Les mâles sont donc appelés à rivaliser pour apparaître « sous leurs plus beaux atours ». Il leur faut fournir des signaux informatifs d'ordre visuel, olfactif, auditif, tactile…, vantant leur qualité et les avantages potentiels qu'ils offrent. Une telle nécessité de la sélection naturelle – sexuelle en l'occurrence – a été à l'origine durant l'évolution de spécialisations morphologiques (modifications de la forme des nageoires, des épines, des épées…, amplification des couleurs) et comportementales (cour, nidification, soins parentaux…) qui répondaient correctement aux critères, parfois draconiens, « exigés » par les femelles.

L'un des principaux caractères visuels est la taille corporelle. Les préférences des femelles se portent généralement sur les grands mâles, meilleurs « performeurs ». En effet, une grande taille s'accompagne généralement d'autres qualités de vigueur, d'agressivité, de capacités spermatiques et physiologiques (nage active) et de potentialités sanitaires et immunologiques (absence de maladies et de parasites). À partir de la discrimination du critère de taille des candidats, les femelles disposent ainsi d'informations relatives à la qualité globale des candidats. La forte préférence des femelles de cichlidés pour les mâles de grande taille conduit même parfois celles-ci à divorcer lorsqu'un choix leur est offert de nouveaux mâles dont les tailles sont supérieures celle de leur présent conjoint (7).

Mais comment, à défaut d'une toise, les femelles parviennent-elles, d'un seul coup d'œil, à identifier le plus grand de leurs prétendants ? Des comparaisons établies en aquarium chez le **molly** *Pœcilia latipinna*, à partir de poissons « postiches » de tailles distinctes, ont montré que c'est « l'image du mâle » projetée sur leur rétine qui crée la motivation de celles-ci. Un grand mâle projetant une plus grande image à une distance donnée, c'est sa taille apparente plus que sa taille réelle qui déclenche le choix de la femelle. Généralement, celui-ci se présente latéralement à une distance proche de sa partenaire. La taille de sa nageoire dorsale redressée ainsi que celle de sa queue amplifient le signal visuel qu'il adresse à celle-ci et qui prend en compte l'ensemble « surface corporelle + surface de la nageoire dorsale + surface de la nageoire caudale ». Un grand mâle, bien positionné dans le champ visuel de sa partenaire et à une distance convenable de celle-ci (30-60 cm), est ainsi sûr de lui « taper dans l'œil » et presque certain de devenir immédiatement l'heureux élu lorsqu'elle en a « plein la vue » !

Un mâle de blennie ocellée *(Blennius ocellaris)* brandit, tel un étendard, sa nageoire dorsale qui est ornementée d'une tache pigmentaire ou ocelle devant la femelle qu'il courtise.

Les femelles des formes cavernicoles du **molly mexicain** (*Pœcilia mexicana)* ont maintenu les préférences ancestrales de leurs homologues « voyants » des eaux de surface pour les mâles de grande taille. Cependant, elles ont dû, dans l'obscurité des grottes, s'adapter à une détection non visuelle de la taille, leurs yeux étant régressés. Ce sont des stimuli mécaniques, captés par leur ligne latérale, qui sont impliqués : l'onde de pression d'eau générée par la nage d'un grand mâle, réceptionnée par les neuromastes* de la femelle, diffère de celle produite par un mâle plus petit. Un changement d'habitat et de conditions environnementales a conduit à la sélection d'un autre système de signalisation chez les femelles. Comment ce changement s'est-il mis en place ? On peut imaginer qu'aux temps où les populations cavernicoles de mollies disposaient encore d'un sens visuel, certaines ont appris à se servir de leur ligne latérale pour discriminer les grands mâles. Avec la régression de la vision, ces populations ont été avantagées si bien que le sens mécanique est devenu la règle.

Une assez grande diversité de caractères morphologiques est utilisée de façon complémentaire à la taille à des fins de

Couple de poissons-combattants ***(Betta splendens)***: un mâle (à droite) courtise une femelle à livrée terne, en exhibant ses grandes nageoires vivement colorées (écarlates), sous le nid de bulles flottantes qu'il a préparé en vue de la ponte.

signalisation sexuelle. Certains caractères « ornementaux » originaux, et même parfois extravagants, permettent d'attirer l'attention des femelles. Les mâles du **gobie japonais amur** (*Rhinogobius brunneus)* possèdent une grande nageoire dorsale plus longue, plus élaborée (en forme de sabre) et plus colorée (couleurs iridescentes et brillantes) que celle des femelles. Ils la redressent, tel un étendard, afin de montrer leur force et de dissuader les rivaux d'entrer dans le territoire où ils ont érigé un nid. Le mâle de la **blennie ocellée** *(Blennius ocellaris)* brandit sa nageoire dorsale, porteuse d'une tache pigmentée noire ou ocelle, lorsqu'il courtise une femelle (Figure page précédente). C'est la grande nageoire caudale qui participe à l'image générale de la longueur corporelle totale chez le **poisson-combattant** *Betta splendens* (Figure ci-dessus), et une nageoire adipeuse plus grande que celle des femelles chez la

truite brune *(Salmo trutta).* Les mâles du **porte-épée mexicain** *(Xiphophorus helleri)* possèdent une longue épée qui résulte d'un allongement de certains rayons ventraux de leur nageoire caudale (Figure p. 138). La longueur apparente de l'épée sert de stimulus visuel pour les femelles. Chez la **gambusie** *Gambusia affinis* et le **guppy** *(Pœcilia reticulata),* poissons vivipares*, l'organe d'insémination des femelles, le gonopode, est de grande taille, constitué de rayons de la nageoire anale. Chez de nombreux cichlidés, comme le **tilapia burtoni** *(Astatotilapia burtoni),* des *egg-spots,* taches colorées brillantes ornant leur nageoire anale et qui imitent des œufs, constituent les signaux d'attraction des femelles (Figure p. 104). Tous ces « badges » sont des gages de succès reproductifs.

Savoir-faire et art déco

Il ne suffit pas de « faire le beau » pour bien se mettre en valeur afin de déclencher l'adhésion des femelles. Avoir un comportement « remarquable », un « savoir-faire »… et se différencier des autres est un autre atout. Les capacités natatoires lors d'une danse en zigzag des mâles de **l'épinoche** leur permettent de mieux exhiber, lors de « parades », leur coloration rouge ventrale, la vitesse du courant favorisant les plus grands et meilleurs nageurs, acteurs de ces « ballets aquatiques » (Figure p. 127). La combativité du **poisson-combattant** est appréciée des femelles, surtout quand elle décide du vainqueur (41). Être un bon architecte et un père valeureux constitue un autre argument de poids. Chez le **lamprologue** *Lamprologus callipterus* du lac Tanganyika, les femelles choisissent ainsi les coquilles de gastéropode les plus grandes (27, 42, 62). Mieux que les qualités intrinsèques de leurs soupirants, les femelles recherchent le confort et la sécurité, pour elles et leur progéniture. Exemple, le mâle du **fugu japonais** *(Takifugu niphobles)* prépare, à l'intention des femelles, un nid fait d'une dépression circulaire dans le sédiment qu'il « sculpte » par des battements de nageoires, avec des séries de crêtes radiales du plus bel effet esthétique et qu'il ornemente par des coquilles et des petits cailloux disposés sur les crêtes. Plus le nombre de crêtes est élevé et plus les coquillages décoratifs sont nombreux, plus grand est le succès reproductif du mâle. Nous pourrions continuer la liste…

Les signaux olfactifs, sous la forme de stéroïdes sexuels, de prostaglandines* (63), jouent un rôle important dans la reconnaissance des partenaires sexuels chez les **cichlidés** *Oreochromis, Tropheus, Lamprologus, Neolamprologus…* qui excrètent dans l'eau ambiante l'hormone stéroïde androgène (11-kétotestostérone), soit sous une forme libre par voie branchiale, soit sous forme « conjuguée » dans l'urine et dans les fèces. Une telle information à longue distance (plusieurs mètres ou dizaines de mètres) permet aux femelles de détecter la présence d'un mâle avant de procéder à une reconnaissance visuelle de celui-ci. Les risques d'erreur sont faibles. Outre ces signaux sexuels d'attractivité, des « odeurs » liées aux marqueurs génétiques du « complexe majeur d'histocompatibilité » (CMH) sont porteuses d'une information relative aux potentialités immunitaires des mâles car liées à leur génotype (diversité allélique* peptidique) et qui conditionnent leur état de santé et le potentiel de résistance immunologique de leur descendance (63).

Des signaux auditifs se révèlent très informatifs chez quelques espèces qui « vocalisent » comme le **gobie à taches noires** *(Neogobius melanostomus)*, les **cichlidés** *Pseudotropheus* du lac Malawi, le **poisson-crapaud** *(Halobatrachus didactylus)* (64). Une décision d'accouplement en pleine connaissance de cause…

L'envoûtement des mâles par les femelles

La vision traditionnelle des rôles sexuels selon laquelle les femelles sont le sexe qui choisit les mâles avec lesquels elles s'accouplent, a évolué au cours des années récentes. Les femelles n'ont pas l'exclusivité de la sélection sexuelle car les mâles expriment également des préférences d'accouplement en fonction de « la valeur » des femelles.

Divers caractères orientent le choix des mâles. La taille et le ventre rebondi des femelles attirent les mâles du **pœciliidé** *Brachyraphis rhabdophora* du Costa Rica, le succès des grandes femelles étant justifié par leur grande fécondité potentielle. L'intérêt porté par les mâles de **guppy** pour les grandes femelles, au détriment des petites, est évident, ceux-ci étant capables de discriminer toute femelle dont la taille est supérieure de 4 mm à celle d'une congénère. De vrais experts en mensurations. Les couleurs des femelles sont pour certaines plus brillamment colorées que celles des mâles durant la saison de reproduction, chez le **poisson-perroquet méditerranéen** *(Sparisoma cretense)* et plusieurs **syngnathes** (13). Les odeurs de « grandes séductrices », différentes en fonction de leur cycle d'ovulation, font succomber les mâles de l'**épinoche américaine** *(Culaea inconstans).* Les mâles de **guppy** sont capables de discriminer les femelles en fonction de leur statut sexuel : celles qui sont vierges, celles qui se sont précédemment accouplées et celles qui sont gravides. Ils portent leurs préférences sur les vierges, non suspectes d'être porteuses de maladies sexuellement transmissibles.

Des choix conjoints

Finalement, bien que chaque sexe manifeste, chacun de son côté, des préférences hautement sélectives, le choix final des partenaires d'accouplement est généralement binaire, faisant suite à un processus interactif de « dialogue » qui s'établit entre les mâles et les femelles, Chacun « y met du sien » pour s'attirer les faveurs de l'autre en se livrant simultanément à des stimulations sexuelles réciproques. Un échange de bons procédés… Ainsi, les préoccupations du **gobie** endémique du Tanganyika *(Eretmodus cyanostictus),* un cichlidé, sont en harmonie, une corrélation de taille existant entre les deux partenaires qui s'accouplent après un choix mutuel favorisant la protection d'un grand nombre d'œufs (62). De même, le **syngnathe des lagunes** *(Syngnathus abaster)* opte pour des accouplements « symétriques », les deux partenaires optimisant ainsi leur succès reproductif (52). Cependant, quelle que soit l'espèce, les exigences des un(e)s et des autres en matière de choix tendent à se réduire lorsque les occasions d'accouplement se font rares, faute de candidats. Il faut mieux s'accoupler avec un partenaire de moindre qualité que pas du tout ! Le marché du sexe s'appauvrit parfois. Il faut savoir « faire avec »…

70. AMOURS… SENSUELS

La volupté des sens

De nombreuses espèces de poissons ne pratiquent pas des accouplements brutaux et dénués de toute sensualité, comme le font des requins (75). Au contraire, ils font largement appel à tous leurs sens pour partager, avec leurs partenaires de sexe opposé, des « plaisirs sexuels » en préalable à leur accouplement et à la ponte (29).

En fait, de telles approches, plus ou moins voluptueuses, qu'elles soient visuelles (mouvements de parades, d'exhibition, de danse nuptiale…), tactiles (frôlements, caresses, vibrations…) olfactives (« parfums d'amour »…), auditives (chants, sérénades, chorales…) ou électriques (ondes électriques) et utilisées lors de la « sélection sexuelle » (70), ne procèdent pas d'une recherche consciente d'un « quelconque plaisir » ayant une dimension intellectuelle ou affective. Ils correspondent seulement à un impérieux besoin physiologique d'optimiser le succès d'accouplement en favorisant la synchronisation de l'éjaculation des spermatozoïdes par le mâle et de l'oviposition des ovocytes par la femelle. La brève durée de motilité et de vie des spermatozoïdes (quelques minutes, avec une efficacité maximale de fécondabilité souvent inférieure à une minute) exige que les partenaires sexuels évitent tout gaspillage de leurs gamètes. « L'érotisation » des accouplements ne constitue pas une priorité. Il convient de parer « au plus pressé ». D'autant plus qu'il est prudent d'éviter une trop grande perte d'attention, car des prédateurs rôdent souvent…

71. AMOURS... SOLITAIRES

On n'est jamais si bien servi que par soi-même

Il est parfois si difficile et si coûteux en énergie d'avoir à chercher (et à trouver!) «l'âme sœur» que certains poissons ont résolu le problème en devenant des hermaphrodites* autoféconds (5) ou en pratiquant une reproduction par parthénogenèse*.

Le **killy** *Kryptolebias (Rivulus) marmoratus* des mangroves de Floride est le seul poisson hermaphrodite* autofécond connu à ce jour chez lequel les femelles n'existent pas mais où coexistent des mâles avec des hermaphrodites. Son originalité repose sur sa double stratégie de reproduction: soit par une autofécondation assurée par la possession d'une gonade de type mixte (ovaire + testicule ou ovotestis) productrice des deux catégories de gamètes, soit par fécondation croisée entre un mâle et un hermaphrodite (entre les spermatozoïdes du premier et des ovocytes du second). Les interactions sociales sont fortes (jusqu'à 26 individus dans un même terrier) dans leurs habitats faits de terriers humides creusés par des crabes terrestres, avec la cohabitation de mâles et d'hermaphrodites simultanés qui possèdent des livrées distinctes. À l'âge de 3-4 ans, les hermaphrodites se transforment en mâles dits « secondaires » dont la proportion dépend de la température et de la photopériode. Une hiérarchie de dominant à subordonné se met en place entre les individus qui se partagent un même terrier, ce qui favorise les rencontres entre les mâles et les hermaphrodites et constitue une « facilitation sociale » en faveur des fécondations croisées qui sont génétiquement plus rentables car elles assurent une hétérozygotie* de leurs descendants. Le taux de l'enzyme aromatase qui favorise la conversion des stéroïdes sexuels de l'androgène 11-kétotestostérone en œstrogène 17β-œstradiol est élevé dans le cerveau des hermaphrodites mais cette enzyme est absente dans celui des mâles, preuve que l'amour se passe aussi « dans la tête »...

Être parthénogénétique

La faculté qu'ont certaines femelles vierges à produire des œufs, des embryons puis des jeunes sans contribution d'un partenaire de sexe mâle, suite au développement de ses ovocytes non fécondés, est un phénomène rarement décrit chez les vertébrés. Des **requins** maintenus longtemps en captivité ont donné naissance à des jeunes sans la participation effective de mâles, mais la possibilité d'un accouplement antérieur à leur capture était alors évoquée comme une hypothèse plausible, suite à la possibilité d'un stockage du sperme et d'une survie durable et à long terme des spermatozoïdes dans le corps maternel. Des exemples récents (2007) de cas de parthénogenèse* ont été rapportés et validés génétiquement. Une femelle de

requin-marteau *(Sphyrna tiburo)* pêchée en Floride, bien avant d'avoir atteint sa maturité sexuelle, a donné naissance, trois ans plus tard, à des jeunes par viviparité*. Or la durée de vie du sperme est estimée à 5 mois chez cette espèce dans la nature, ce qui élimine l'hypothèse d'une fécondation précoce de leurs ovocytes et fournit la preuve d'une capacité de développement d'embryons chez des femelles vierges. L'analyse génétique de ces nouveau-nés a confirmé la contribution génétique de la seule femelle et l'absence d'un génome paternel. Une femelle âgée de 9 ans de **requin bordé** *(Carcharhinus limbatus),* un carcharhinidé vivipare de Floride, possédait dans ses voies génitales un embryon alors qu'elle avait été isolée et maintenue en captivité depuis sept ans. Un développement parthénogénétique* a été confirmé par l'analyse de son ADN qui prouve une homozygotie* de ses gènes, rigoureusement identiques à ceux de sa mère. Ce mode de reproduction (des naissances virginales) constitue-t-il une réponse facultative à la difficulté qu'éprouvent certaines femelles à obtenir occasionnellement des accouplements en cas de rareté des mâles dans des populations surexploitées (par la pêche) ou captives (en aquariums) ? De quoi méditer sur l'inutilité des mâles…

72. AMOURS... TARDIFS

Des poissons qui restent « verts »

Certaines espèces de poissons atteignent leur maturité sexuelle, suite à une puberté prolongée et tardive, à un âge avancé. Les **sébastes** *(Sebastes* sp.*)* vivent dans les profondeurs océaniques où les eaux sont froides. Leur croissance est lente, mais leur durée de vie est longue : une cinquantaine d'années ou même un record de 120 ans pour *S. aleutianus* du Pacifique. Leur différenciation sexuelle, à la différence de celle des gobies-nains (54), est particulièrement lente et très tardive puisqu'ils n'atteignent leur maturité sexuelle que vers l'âge de 23 à 30 ans. La vie sexuelle de ces poissons « Mathusalems » (les Philémon et Baucis des poissons...) est cependant relativement riche puisqu'ils vivent leurs amours jusqu'à leur mort, soit pendant quelques décennies, voire un siècle. Tant qu'il y a de la vie, il y a de l'amour...

La vie sexuelle des poissons commence à des âges variables et se prolonge plus ou moins durablement, de quelques mois à 2-3 ans chez le **syngnathe des lagunes** *(Syngnathus abaster)*, de 1-3 ans pour les épinoches, les vairons, 8-10 ans pour les truites, les saumons, 12-16 ans chez les anguilles, 15-30 ans pour les carpes, les mérous, 50-60 ans pour les esturgeons bélougas. D'une façon générale, les poissons connaissent une vie sexuelle active qui, quelle que soit sa précocité, se prolonge jusqu'à leur mort en l'absence d'une andropause et d'une ménopause. N'étant pas atteint par une « décrépitude sénile » comme le sont les humains, ils peuvent batifoler jusqu'au terme de leur existence.

Les saumons du Pacifique du genre *Oncorhynchus* et les petits poissons annuels connaissent une fin tragique très peu de temps après leur unique et dernière ponte (59). Un cas de vieillissement sexuellement actif a été décrit au sud-ouest de la Norvège. Des **truites brunes** *(Salmo trutta)* élevées dans un bassin de 1979 à 2011 ont atteint l'âge de 33 ans, alors que la durée de vie moyenne de cette espèce, dans ce secteur, est de l'ordre d'une vingtaine d'années. Les mâles présentaient encore des testicules bien développés et apparemment fonctionnels. Les basses températures (ce bassin était couvert de glace chaque année de novembre à avril) ont peut-être constitué un facteur favorable à une telle longévité et à une telle virilité durable. Faut-il s'en inspirer pour vivre vieux, quitte à « se geler » de temps à autre ? Le réchauffement climatique réduira-t-il une telle longévité ?

73. AMOURS… TROMPEURS

La tricherie, une vraie pratique sexuelle

La sélection sexuelle (69) repose, dans la très grande majorité des cas, sur des échanges, entre les deux sexes, de signaux « honnêtes ». Alors que les femelles recherchent des mâles de qualité en s'efforçant de sélectionner ceux qui sont porteurs de « bons gènes », il arrive aussi que des « petits malins » cherchent à duper leur partenaire en falsifiant leurs signaux pour en tirer des avantages indus. La tricherie concerne des mâles de « faible qualité », c'est-à-dire de petite taille, qui se donnent l'apparence de mâles de « grande qualité », de façon à manipuler la résistance des femelles. Les femelles ainsi abusées par des mâles tricheurs développent souvent une contre-adaptation en discriminant les tricheurs par des contacts tactiles avec eux (nage flanc contre flanc) qui leur permettent de déceler la supercherie. À malin, maligne et demie…

Le **guppy** *(Pœcilia reticulata)* est un bon exemple de ces impostures. Les mâles ont des nageoires caudales plus longues que celles des femelles, avec de fortes variations individuelles. Ces attributs servent de signal d'accouplement aux femelles qui préfèrent les mâles à longue queue (69). Or, c'est une tromperie. Une longue queue est obtenue à un moindre coût énergétique de croissance que celui d'une grande taille corporelle. Les femelles sont ainsi abusées sur ce faux critère de qualité des mâles. D'ailleurs la descendance des mâles à longue queue est moindre en nombre, les filles issues de ces croisements étant de plus petite taille et de moindre fécondité que celles issues de croisement avec des mâles à courte caudale. En revanche, leurs fils ont des tailles plus élevées et sont donc plus séduisants et sexuellement plus attractifs, mais tout aussi « bluffeurs ». Les femelles qui s'accouplent avec des mâles à longue queue acquièrent donc un bénéfice pour la descendance de leurs fils, mais font supporter ce coût à leurs filles. Une nouvelle forme d'inégalité des sexes...

Le critère de taille cérébrale, bien que non apparent, peut également se révéler trompeur. Les mâles à gros cerveau, qui possèdent des « aptitudes cognitives » supérieures à leurs homologues à petit cerveau (vitesse d'apprentissage, de copiage...), ont en fait une descendance plus réduite. Le coût énergétique de leur développement cérébral se paye par de moindres aptitudes génésiques. Selon l'hypothèse des « tissus qui coûtent cher en énergie », la production de tissus nerveux et de neurones est plus onéreuse que celle de tissus gonadiques et de cellules sexuelles. Entre un gros cerveau et de gros testicules, il faut parfois choisir... Les femelles semblent discriminer les mâles à gros cerveau à partir de leur comportement, qui est plus attractif.

Des mâles astucieux et bluffeurs

Pour se prémunir de tels signaux malhonnêtes émis par ces mâles tricheurs et imposteurs, les femelles font souvent appel à des critères multiples et additionnels de choix. Elles utilisent des signaux redondants qui leur évitent de commettre des erreurs de choix. L'expression de multiples caractères renforce l'honnêteté des signaux émis par « le signaleur » à destination des femelles réceptrices et permet à celles-ci de débusquer les tromperies. La force des préférences augmente d'ailleurs avec le nombre de signaux multiples et concordants qui sont accessibles selon une séquence hiérarchisée. Témoins, les femelles du **porte-épée mexicain** *(Xiphophorus helleri)* manifestent, à la fois, une préférence pour les grands mâles par rapport aux petits, et également pour les mâles dotés de longues épées par rapport à ceux à épées courtes (69). Les mâles ayant le plus de chances d'être sélectionnés comme partenaires sexuels sont ceux qui ont investi une bonne part de leur énergie dans un double développement de ces caractères attractifs : une croissance corporelle rapide et, parallèlement, celle de leur épée. Si ce dédoublement est réalisable lorsque la nourriture est abondante, il est délicat dans le cas contraire, et les mâles sont amenés à effectuer un choix entre les deux modalités de croissance. C'est alors la croissance de l'épée, moins coûteuse en énergie que la croissance corporelle puisqu'elle consiste en un simple allongement des rayons de la nageoire caudale, qui est privilégiée. Cela leur laisse des chances élevées de succès reproductifs, car ce caractère bluffe les femelles en donnant une meilleure apparence générale de leur taille corporelle. *« The best of a bad situation »* !

Des femelles qui cachent leur jeu...

Les femelles savent aussi tromper leurs partenaires quant à leurs capacités. Ainsi, celles du **guppy** et de la **gambusie** *(Gambusia affinis)* stockent le sperme de leurs différents partenaires successifs. Elles sont capables de rejeter la semence de certains mâles au profit de celui de certains autres. Une telle sélection « post-copulatoire » s'effectue à l'insu des mâles qui croyaient pourtant « avoir réussi un bon coup », ignorants qu'ils sont victimes des « aptitudes contraceptives » de leurs partenaires (66). Un comportement caché, qualifié de « cryptique »... Les femelles de bouvières (*Rhodeus* sp.) font semblant de pondre afin d'éviter de gaspiller leurs ovocytes avec un mâle qui ne leur convient pas, ce mensonge leur permettant de conserver tous leurs gamètes pour des accouplements ultérieurs mieux choisis.

Le « bluff » et la tromperie font donc couramment partie des rapports entre les mâles et les femelles, dans le cadre d'un véritable conflit intersexuel (16).

74. AMOURS...
UNIQUES

Le « grand amour » pour la vie

Rares sont les poissons formant un couple fidèlement uni « pour la vie » (24). La monogamie est même plutôt une exception parmi les poissons qui sont, pour la plupart, polygames ou polygynes* (57). Les **poissons-clowns** du genre *Amphiprion*, sont considérés comme un modèle de couple uni et très fidèle qui vit des amours tranquilles dans la couronne des tentacules d'une anémone de mer. Si une telle conjugalité se révèle pérenne et avantageuse sur le plan reproductif, n'oublions cependant pas qu'elle se réalise sous la contrainte, celle d'une domination matriarcale exercée par la femelle à l'encontre d'un pauvre mâle réduit socialement à un statut de subordonné (24).

La sexualité des **hippocampes** et des **syngnathes** se caractérise parfois par une vie en couple durable. Elle n'est cependant pas parfaite car, si les mâles se satisfont d'une grande et parfaite fidélité à l'égard de leur compagne, les femelles ont une fâcheuse tendance à se montrer plus frivoles et plus libertines et à ne pas respecter à la lettre le « contrat de mariage » (24). De plus, les mâles paient cher la sollicitude de leur compagne puisqu'elle se traduit par une obligation de « couvaison » des œufs dans leur poche abdominale et un devoir d'enfantement (52, 62).

Les **poissons-pêcheurs** abyssaux tels que *Haplophryne* sp. sont des exemples de couples unis pour la vie. Le mâle nain vit en permanence greffé, tel un parasite, sur le flanc de la femelle et se trouve réduit au rôle de « pourvoyeur de sperme » (Figures p. 108 et p. 124) (37). Ce « mâle-objet » a perdu toute initiative et toute liberté et ne vit même pas un unique amour puisque sa compagne accueille en même temps plusieurs autres mâles avec lesquels il doit « vivre avec ». Victime d'un « coup de foudre » lors de sa rencontre avec une femelle, il doit ensuite assumer pour la vie, sans le moindre espoir de reconquête de sa liberté. Un forçat de l'amour !

Dans ces trois exemples, les mâles ne sortent vraiment pas grandis par cet unique amour. Ils paient cher leur conquête d'une femelle, mais avaient-ils le choix ? Obtenir le droit de procréer impose des sacrifices…

75. AMOURS… VIOLENTS

Des corps à corps

Certaines espèces de poissons font preuve d'un certain raffinement dans leurs rapports amoureux faits de chants et de sérénades amoureuses, de caresses et de frôlements plus ou moins érotiques (29, 38, 64, 70). Pour d'autres, les rapports sexuels sont dénués de toute tendresse et de toute « poésie » : les mâles partent violemment « à l'assaut » des femelles selon des rapports de force apparents. Pauvre Cupidon !

Les comportements de reproduction des requins révèlent un manque évident de « galanterie » des mâles à l'égard de leur partenaire. Les accouplements ressemblent à de véritables agressions des femelles. Chez les **requins de récif à pointe blanche** *(Triaenodon obesus)* du Costa Rica, plusieurs mâles (3, 4) effectuent, en pleine eau, des mouvements circulaires autour d'une femelle, puis l'un d'eux (le plus grand et le plus fort !) se précipite brutalement sur elle et saisit promptement dans sa gueule la nageoire pectorale de celle-ci, se cramponnant à elle et la

Copulation entre deux requins blancs *(Carcharodon carcharias)*: le mâle ayant saisi la femelle par une pectorale l'a contrainte à descendre vers le fond. L'un de ses deux ptérygopodes pénètre dans son orifice cloacal pour l'inséminer. Deux autres mâles patrouillent à proximité dans l'espoir d'une copulation ultérieure.

maintenant étroitement serrée contre lui en manœuvrant afin de réduire ses mouvements de nage et d'échappement. Un véritable corps à corps (Figure). Il la maintient la tête en bas et se positionne parallèlement à elle tout en descendant dans la colonne d'eau vers le fond. Là se déroule la copulation, le mâle possédant deux sacs-siphons, des organes pairs ventraux associés aux deux organes copulateurs, les ptérygopodes. Lors de l'accouplement, l'un d'eux se dilate et se connecte à l'autre ptérygopode et à la papille uro-génitale puis le mâle introduit cet organe de copulation dans le cloaque de la femelle.

Lorsque celle-ci est consentante (mais a-t-elle le choix ?), se produisent une flexion et une insertion du ptérygopode (le gauche si la femelle est tenue par sa pectorale gauche et qu'elle est donc positionnée sur son côté droit ou inversement) et la pénétration résulte de mouvements de poussée des nageoires pelviennes. Une éjaculation a alors lieu, le rôle du sac-siphon, qui fonctionne comme un réservoir d'eau de mer, étant d'assurer l'écoulement et la propulsion du sperme dans les voies génitales de sa partenaire. Après quoi, le mâle se libère sans tarder pour satisfaire ses exigences respiratoires, quelques instants compromises par son immobilisation sur le fond, ainsi que pour rechercher d'autres femelles avec lesquelles il s'accouplera de nouveau.

Les dents de la mer

La femelle, qui demeure plus ou moins « choquée », subit souvent les assauts des autres mâles présents qui n'ont cessé de harceler le premier d'entre eux pendant qu'il s'accouplait, en saisissant brutalement son autre pectorale et en cherchant également à l'inséminer. Elle se voit ainsi infliger de nouvelles cruelles morsures au point que le sang s'écoule de ses plaies, ce qui ne manque pas d'attirer d'autres requins qui se précipitent alors sur elle pour, parfois… la dévorer ! Si elle parvient à échapper à des accouplements mortels et à « retrouver ses esprits », la femelle conserve longtemps le souvenir cuisant de ses ébats amoureux sous la forme de cicatrices cutanées causées par les morsures de ses partenaires.

Les malheureuses femelles de requins ne sont pas pour autant au bout de leurs peines car elles subiront, pendant toute la période de leur maturité sexuelle, plusieurs autres agressions sexuelles. L'étude génétique des portées (quelques unités à dizaines d'unités selon les espèces) prouve, en effet, que celles-ci sont issues de paternités multiples résultant de copulations répétées impliquant plusieurs partenaires successifs, pas plus galants les uns que les autres, mais dont les assiduités assurent un fort succès reproductif de l'espèce. On ne badine pas avec l'amour chez les requins !

Amour à la hussarde

Dans les groupes de géniteurs de **requins gris** *(Carcharhinus plumbeus)* il est fréquent de constater que plusieurs mâles tentent de s'accoupler avec une femelle. Un examen génétique des embryons présents dans le tractus génital des femelles gravides (3 à 8 par portée) confirme l'existence de paternités multiples dans 43 % des cas à Hawaï. Les femelles sont capables de stocker du sperme viable dans leurs glandes oviductaires pendant une longue période, ce qui favorise ces multiples paternités. Une telle polyandrie* présente des avantages pour la population en assurant un niveau élevé de diversité génétique. Toutefois, ces multiples accouplements accroissent les risques de blessures occasionnées aux femelles ainsi qu'en témoignent de fréquentes cicatrices de blessures, avec des risques de prédation et d'infections.

Les femelles du **requin-léopard** *(Triakis semifasciata)* de Californie, qui subissent aussi des accouplements multiples, parviennent cependant à réduire leur nombre grâce à une stratégie d'agrégation en nombre des femelles qui joue un rôle de « dilution » des « rencontres amoureuses ». Qualifiée de « polyandrie* acceptable », cette stratégie correspond à une acceptation d'accouplements superflus si le coût d'une « résistance » dépasse trop celui d'une « capitulation ». Chez les **raies** *Manta alfredi* observées au Mozambique, les accouplements sont « latéralisés », les mâles saisissant toujours la femelle par son côté gauche, ainsi qu'en témoignent les cicatrices laissées par leurs dents sur la nageoire pectorale gauche de leur partenaire. Ces mâles ne possèdent d'ailleurs des dents pointues que pour cette unique fonction copulatrice, leur nourriture étant planctonique et se faisant par filtration branchiale. De telles morsures servent aux biologistes à dater la période de reproduction de ces poissons, en fonction du degré de cicatrisation des scarifications infligées à leurs partenaires. Certains auteurs ont pensé que les blessures pourraient exercer une fonction de stimulation de la réceptivité des femelles. L'amour vache ?

Heureusement pour elles, les femelles des requins et des raies possèdent une peau plus épaisse que celles des mâles, ce qui ne les protège cependant pas suffisamment. De plus, la plupart d'entre elles ne sont pas contraintes à un accouplement annuel en raison de leur aptitude à stocker du sperme dans leur oviducte fonctionnant comme un réceptacle séminal. Un moyen d'échapper à des assauts sexuels douloureux. Autre moyen : l'évitement ! La ségrégation sexuelle géographique du **requin bleu mako** *(Isurus oxyrhynchus)*, dans le Pacifique, pourrait s'expliquer par le fait que les femelles chercheraient ainsi, en vivant périodiquement isolées des mâles, à éviter leur harcèlement sexuel et leur agressivité.

76. AMOURS...
VULNÉRABLES

Mourir de trop aimer

Les agrégations de ponte de nombreuses espèces, comme celles des **sardines**, des **anchois**, des **mérous**..., réunissent chaque année plusieurs centaines, voire des milliers d'individus (40) sur des sites spécifiques et à des moments très précis (68). Ces sites sont bien connus des scientifiques, mais aussi des prédateurs et des pêcheurs. De telles concentrations sont particulièrement vulnérables, d'une part parce que les poissons, qui sont mobilisés par leur « devoir génésique », relâchent leur vigilance le temps de leurs amours, ce dont profitent les piscivores trop heureux de cette aubaine, et d'autre part, car ils sont plus accessibles à une pêche intensive et même excessive (une surpêche) qui décime les géniteurs. C'est pourquoi les stocks de certains de ces poissons sont à peu près partout en voie de réduction. La sauvegarde de certaines populations passe par des interdictions de pêche en période de reproduction ou par leur protection dans des réserves marines.

Les **lutjans** ou **vivaneaux** des Caraïbes (*Lutjanus cyanopterus)* forment, au moment de la reproduction, des groupes denses réunissent 4 000 à 10 000 individus sur les promontoires récifaux des côtes du Bélize. Les géniteurs sélectionnent, chaque année, invariablement les mêmes sites de ponte en fonction de la géomorphologie locale et des courants marins induits à cette période par les vents et les marées. Une façon de favoriser la dispersion océanique de leurs œufs et de leurs larves. Ce grand rendez-vous amoureux se produit deux jours avant et douze jours après la pleine Lune, de mars à septembre (soit de l'équinoxe de printemps à l'équinoxe d'automne, avec un pic en mai), conditionné par des facteurs thermiques et lumineux, la ponte étant synchronisée avec la photopériode. Outre l'existence de signaux olfactifs, les « bruits hydrodynamiques » réalisés par les bancs de géniteurs qui s'agitent en grand nombre sur leurs frayères sont détectables à grande distance, en particulier par des prédateurs comme le requin-baleine *(Rhincodon typus)* qui est oophage. Seules des fécondités élevées peuvent permettre de maintenir les populations. D'autant que de telles concentrations de géniteurs font l'objet d'une pêche excessive, commerciale et récréationnelle, qui menace leur avenir. L'amour sans discrétion est un jeu risqué.

77. AMOURS… WAGNÉRIENS

Répertoires de charme

Certains mâles de poissons utilisent, au cours de leur comportement de cour, des signaux acoustiques afin de communiquer entre eux et de déclarer « leur flamme » à des partenaires potentielles (67). Si certains, comme la **blennie** *Parablennius parvicornis* et les **gobies** *Neogobius melanostomus* et *Pomatoschistus* sp., n'utilisent qu'une « partition » quelque peu monocorde, d'autres déploient des capacités vocales autrement plus amples et variées assimilées à un « opéra wagnérien ». Ainsi, le **poisson-crapaud** *Halobatrachus didactylus* dispose d'un vaste répertoire fait de sifflements, de grognements, de gémissements. Ils sont émis, soit individuellement, soit en duos ou bien encore en groupes (jusqu'à 8 participants). L'ensemble « orchestral » est suffisamment riche et diversifié pour attirer l'attention des femelles qui ne peuvent que répondre favorablement à de tels chants d'amour et à de tels appels aux accouplements.

De riches chants-chorales sont également produits par le **maigre** *(Argyrosomus regius),* dont le répertoire est fait de grognements courts ou longs de durée variable et par les **mormyres** africains du genre *Gnathonemus,* qui disposent d'une large gamme d'émissions sonores et d'une grande richesse d'expressions vocales : bruits secs de claquement, sons de tambour ou de trompette, râles, sifflements, cliquetis, coups – *knocks*… Savoir crier son amour n'est pas propre à l'espèce humaine…

78. AMOURS… XANTHOPHILES

Oh ! la belle jaune !

La signalisation visuelle utilisée par les géniteurs est riche et variée, les poissons étant sensibles à un signal coloré bien précis qui leur permet d'effectuer un choix du ou de la meilleure partenaire possible (13). Si la signalisation rouge est souvent utilisée (épinoche, vairon, guppy, saumon, bouvière), si le vert est parfois proposé (labre vert), si le noir renforce les autres signaux colorés (guppy, vairon), si les UV sont réfléchis, ce qui les rend attractifs (épinoche), si une large panoplie de couleurs caractérise les mbunas, la couleur jaune est rarement mise en valeur et prise en considération. Le jaune est dû à des cellules chargées de pigments caroténoïdes, les xanthophores, qui sont le support physique de cette coloration jaune. Les mâles du **gobie italien** *Knipowitscha panizza*, particulièrement sensibles à la couleur jaune affichée par les femelles sous la forme d'une tache abdominale, ne s'accouplent qu'avec celles dotées de ce signal attractif, présage d'une fécondité prometteuse.

79. AMOURS... YLLÉRIONIQUES

Monstres d'eau

Certaines amours de poissons ne manquent pas de rappeler Yllérion, monstre chimérique ayant nourri des légendes du Moyen Âge européen. Quoi de plus monstrueux en effet, lors d'un acte d'amour, que d'engendrer une descendance de « petits assassins » précoces, tueurs de la progéniture de leurs parents ?

La femelle du **poisson-chat tropical** *(Synodontis multipunctatus)*, le « coucou du Tanganyika », dépose ses œufs sur le substrat même où un couple de cichlidés a déposé les siens. La femelle du cichlidé ne différencie pas cette ponte étrangère de la sienne, elle assure l'incubation de tous les œufs dans sa bouche (62). Sitôt écloses, les larves du poisson-chat s'empressent de dévorer les œufs non éclos et les larves de leur hôtesse, qui n'est vraiment pas récompensée de ses « bons et loyaux services ». Le comportement des **sélaciens vivipares*** est tout aussi barbare : les fœtus frères et sœurs s'entre-dévorent (adelphophagie) dans l'utérus maternel ! La sauvagerie n'attend pas le nombre des années.

80. AMOURS… ZÉNITHAUX

Le septième ciel

Certains poissons ont un mode de reproduction bien précis, à la fois dans l'espace (grottes, promontoires rocheux) et dans le temps (58, 68). Le *timing* amoureux des **mérous bruns méditerranéens** *(Epinephelus marginatus)*, des **mérous tropicaux** *Plectropomus leopardus* et *P. maculatus* de la Grande Barrière australienne, des **lutjans** *Lutjanus cyanopterus* répond à une nécessité de survie. La vulnérabilité des pontes, menacées par divers prédateurs oophages, est liée au comportement particulier de ces espèces où les couples pratiquent une montée rapide dans la colonne d'eau (un *rush*) sur plusieurs dizaines de mètres de hauteur (36). Cette ascension se termine à proximité de la surface où les deux partenaires émettent conjointement leurs gamètes puis se séparent en replongeant aussitôt en profondeur (Figure p. 122), quitte à recommencer peu après avec un nouveau partenaire. Une montée « au zénith » qui a valeur d'ascension au « 7e ciel » ?

Conclusion

Les poissons, quelles que soient les diverses modalités de leurs comportements amoureux, démontrent souvent un souci quasi permanent de procréation : le « cycle de la vie » est conditionné par « le cycle de l'amour ». Une telle addiction aux jeux sexuels et une telle recherche de satisfaction de leurs désirs d'accouplement peuvent-elles être associées à du plaisir et à de la volupté ?

L'existence d'un « embrasement neuronal » (les « feux de l'amour » !) implique une électrisation des « circuits de plaisir » ou « circuits de récompense », telle qu'elle a été décrite chez les primates et chez l'espèce humaine. Elle a donc été mise en doute chez ces vertébrés. Les poissons possèdent pourtant les mêmes systèmes neuro-hormonaux que nous, la « chimie cérébrale » étant commune à tous les vertébrés. Ainsi, l'ocytocine et la prolactine sont impliquées chez eux aussi dans les manifestations du « bonheur amoureux ». Ces comportements dépendent aussi de la production par le cerveau de dopamine, le « neuromédiateur du désir et du plaisir sexuel ». En effet, l'organe sexuel principal de tous les vertébrés est le cerveau, comme le prouve l'existence de différences entre mâles et femelles du **médaka** *(Oryzias latipes)* quant aux récepteurs cellulaires cérébraux localisés dans le télencéphale ventral et l'aire préoptique et qui sont les cibles respectives des hormones androgènes et œstrogènes d'origine gonadique. Alors, les poissons sont-ils limités à ne connaître que « l'amour bestial » sans jamais accéder à une dimension affective ? Sont-ils privés de toute transcendance sentimentale et érotique ? Les subtilités de l'amour humain (amour-complicité, amour-amitié, amour-passion, romantisme…), qui le rendent si complexe, leur sont-elles irrémédiablement inaccessibles ?

Les observations des espèces de poissons montrent que l'attirance entre les sexes est parfois nuancée et même modulée par des comportements de consentement ou de refus, surtout déployés par les femelles. Elle n'est donc pas simplement une pulsion innée. Nous pouvons estimer que les comportements amoureux des poissons sont, comme pour nous-mêmes, le fruit de l'activité de leurs gènes (l'inné) et des expériences recueillies dans leur environnement social (l'acquis). Même si la fonction de « reproduction biologique et sociale » se révèle hautement prioritaire chez les poissons et si l'attractivité sexuelle (l'*eros*) l'emporte largement sur toute considération altruiste (l'*agape*) – Éros dominant Cupidon – leur répertoire amoureux ne se réduit généralement pas à de simples « relations bestiales ». Il semble exister des Roméo et des Juliette, des Tristan et des Yseult, des Philémon et des Baucis, des *Fishlovers*… Nous ne connaissons pas encore leur « Carte du Tendre », nous ne savons rien de leur « libido » et nous ignorons s'ils sont victimes de chagrins d'amour.

Cependant, les bienfaisantes actions des hormones ocytocine et vasopressine, et de la phényléthylamine et des endorphines, dans les circuits de récompense de l'amour humain, n'ont pas encore été démontrées chez les poissons. Un tel « cocktail chimique » cérébral paraît plus limité chez eux, mais il ne nous est pas étranger. Certains d'entre eux, tels le **poisson-zèbre** *(Danio rerio)*, ne sont-ils pas actuellement utilisés pour des tests pharmacologiques destinés à contrôler les effets neurobiologiques de certaines pharmacopées ?

Certains comportements des poissons ne sont d'ailleurs pas si éloignés des nôtres : des mâles dandys et galants ou simulateurs, dominants et possessifs, parfois rusés ou violents, de bons pères de famille ou des déserteurs du foyer conjugal, des femelles soumises ou au contraire libérées et même capables de devenir dominantes. Et puis, n'oublions pas qu'ils sont encore capables de faire « mieux que nous » en changeant de sexe, en étant fonctionnellement bisexués ou même en se reproduisant en l'absence d'un partenaire de sexe opposé...

Cela pose une question : comme certains poissons, pouvons-nous échapper à notre « destin sexuel », compte tenu de l'influence importante de nos gènes dans nos comportements sexuels ? Ne conviendrait-il pas aujourd'hui de « trouver le poisson » qui vit en nous ? Ne sommes-nous pas porteurs de certains gènes de guppys ? Ne sommes-nous pas, comme eux, victimes de la « dictature » de notre génome ? Auquel cas, l'infidélité conjugale humaine pourrait paraître tout à fait naturelle parce qu'inscrite dans un patrimoine génétique hérité de nos ancêtres. Quoi qu'il en soit, nous sommes certainement redevables à « nos ancêtres les poissons » de nous avoir transmis toutes les bases du « bonheur en amour », qui constitue une bonne part de notre richesse existentielle. N'oublions pas : « *au commencement était le poisson...* »

Lexique*

Allèle: gène occupant le même locus chromosomique qu'un autre gène **17**
Anisogamie: modalité de fécondation impliquant deux gamètes de taille différente **16**
ATP: adénosine triphosphate, le «carburant énergétique» de la cellule produit par les mitochondries **4, 44**
Atrétique: désigne des cellules sexuelles en dégénérescence au sein d'une gonade, comme les ovocytes dans un ovaire **44**
Bathypélagique: organisme de pleine eau occupant une zone profonde dite «bathyale» **55**
Benthique: relatif au fond des mers (ou des eaux douces) **13, 24, 36, 38**
Bioluminescence: processus de production d'une lumière biologique **6, 30, 37**
Chromatophore: cellule cutanée contenant un pigment coloré («chroma»): mélanine, guanine, caroténoïdes... **13**
Clone: ensemble d'individus possédant les mêmes caractères génétiques **3**
Cryptique: se dit d'un comportement de dissimulation (*cryptos* = caché) dans des trous, des anfractuosités de l'habitat **24, 66**
Dystrophie: crise hydrologique provoquée par un apport excessif en nutriments **9**
Gonochorisme: répartition des individus d'une population en deux catégories: des mâles et des femelles **10**

* Les numéros renvoient aux textes numérotés dans le livre.

Gynogenèse : procédé de reproduction uniparentale à partir du seul ovocyte activé par un spermatozoïde d'une autre espèce mais dont les chromosomes ne participent pas à la garniture chromosomique de l'œuf puis de l'organisme qui en est issu **3**, **48**

Hermaphrodite : organisme possédant, simultanément ou successivement, les attributs des deux sexes **5**, **10**, **13**, **45**, **71**

Hétérozygote : situation génétique d'un individu qui possède des allèles différents pour un gène donné sur chacun de ses chromosomes homologues, par opposition à un **homozygote** qui possède deux allèles identiques sur ceux-ci **5**, **17**, **36**, **48**, **57**, **63**, **71**

Homing : comportent migratoire de retour sur le site de ponte originel **17**

Homozygote : voir hétérozygote

Hz = hertz : unité de mesure de fréquence d'un phénomène acoustique **26**, **56**, **67**

Kleptogamie : comportement de vol de pontes déposées dans des nids **2**

Limnétique : en rapport avec les eaux douces **38**

Mélanophore : cellule pigmentaire ou chromatophore contenant un pigment noir de mélanine **13**

Micromètre : ex-micron : unité de mesure de longueur : 1 µm = 10^{-6} m **4**

Mimicrie : falsification de signaux physiques, chimiques ou comportementaux **2**, **8**, **15**

Monogame : espèce animale qui ne se reproduit qu'avec un seul partenaire sexuel 7, **10**, **24**

Nanomètre : unité de longueur : 1 nm = 10^{-9} m **56**

Neuromaste : cellules sensorielles mécanoréceptrices disposées dans la ligne latérale des poissons et permettant de percevoir des vibrations acoustiques **6**, **69**

Opsine : pigment photosensible des cellules rétiniennes **13**

Otolithe : pièce minéralisée de nature calcaire située dans l'oreille interne **49**

Oviparité : mode de reproduction d'une femelle dont les œufs se développent à l'extérieur de l'organisme maternel **62**

Ovoviviparité : mode de reproduction d'une femelle dont les œufs éclosent dans l'organisme maternel **62**

Panmixie : mélange de gènes entre populations sur leur frayère **4**

Parthénogenèse : reproduction sans participation du sexe mâle **3**, **71**

Phénotype : ensemble des caractères morphologiques permettant la reconnaissance d'un organisme **20**, **60**, **62**, **69**

Phéromone : message chimique produit par un organisme et capté par le système olfactif de ses congénères **5**, **12**, **15**, **27**, **45**, **48-49**, **55-56**, **63**

Polyandrie : capacités reproductives de femelles qui s'accouplent avec plusieurs mâles **37**, **57**, **66**, **69**

Polygynie : capacités reproductives de mâles qui s'accouplent avec plusieurs femelles **18**, **57**, **74**

Prostaglandine : dérivé hormonal stéroïdien présent dans le liquide ovarien et ayant valeur de phéromone sexuelle **4**, **15**, **27**, **56**, **63**, **69**

Sexe-ratio : proportion, dans une population, entre les mâles et les femelles, exprimée par un rapport ou un % **2**, **15**

Spermiant : se dit d'un mâle ayant atteint la maturité sexuelle dont le sperme est prêt à être éjaculé **44**, **63**

Sténotherme : organisme qui vit dans des limites étroites de température **28**

Symbiose : association de deux ou de plusieurs organismes à bénéfices réciproques **62**

Sympatrie : désigne des espèces partageant une même aire de distribution géographique (à la différence des espèces allopatriques) **3**, **20**, **56**

Vitellus : substances de réserve accumulées dans l'ovocyte puis dans l'œuf et destinées à être utilisées par l'embryon au cours de son développement **9**, **60**

Viviparité : mode de reproduction d'une femelle mettant au monde des petits vivants **44**, **62**, **66**, **69**, **71**, **79**

Zygote : œuf = cellule diploïde (2n) résultant de la fusion, lors de la fécondation, des deux gamètes haploïdes (n) que sont l'ovocyte et le spermatozoïde **16**

Index des espèces*

* Les numéros renvoient aux textes numérotés dans le livre.

Table des matières

IMPRIM'VERT®

Imprimé en France par Chirat – 42540 Saint-Just-la-Pendue
N° d'imprimeur : 201705.0119 – Dépôt légal : juin 2017
N° d'édition : 70118956-01